꼭 알아야 할
인물로 보는 화학이야기

디아스포라(DIASPORA)는 독자 여러분의 책에 관한 아이디어와 원고 투고를 기다리고 있습니다. 디아스포라는 전파과학사의 임프린트로 종교(기독교), 경제·경영서, 일반 문학 등 다양한 장르의 국내 저자와 해외 번역서를 준비하고 있습니다. 출간을 고민하고 계신 분들은 이메일 chonpa2@hanmail.net로 간단한 개요와 취지, 연락처 등을 적어 보내주세요.

꼭 알아야 할
인물로 보는 화학이야기

초판1쇄 발행 2025년 06월 17일

지 은 이 이길상
발 행 인 손동민
디 자 인 이지혜

펴 낸 곳 전파과학사
출판등록 1956. 7. 23. 제 10-89호
주　 소 서울시 서대문구 증가로18, 204호
전　 화 02-333-8877(8855)
팩　 스 02-334-8092
이 메 일 chonpa2@hanmail.net
공식 블로그 http://blog.naver.com/siencia

ISBN 979-11-94832-05-8 (03430)

- 이 책은 저작권법에 따라 보호받는 저작물이므로 무단전재와 무단복제를 금지하며, 이 책 내용의 전부 또는 일부를 이용하려면 반드시 저작권자와 전파과학사의 서면동의를 받아야 합니다.
- 파본은 구입처에서 교환해 드립니다.

꼭 알아야 할
인물로 보는 화학이야기

이길상 지음

머리말

오늘날 20세기 문명을 좌우하는 자연과학은 참으로 놀랄 만한 수준이며, 물질문명의 극치를 누리고 있다고 생각한다. 이것이 어제 갑자기 이루어진 것은 아니고, 해를 거듭하고 역사가 흐르면서 오늘날의 문명을 이룩했다는 것에는 아무도 의심하지 않을 것이다.

그러나 이와 같은 화려한 금자탑 뒤에는 참으로 많은 선배 화학자들의 눈물겨운 노력과 공적이 숨어 있음을 아무도 부인할 수 없다. 이들이 남겨준 숭고한 과학정신을 배우고, 이들의 훌륭한 인격을 본받아 존경하며, 우리가 이러한 훌륭한 선배 학자들의 뒤를 따르는 것 또한 과학을 배우는 후배들이 지녀야 할 올바른 태도이다.

여기서 저자는 가시밭길을 파헤치며, 밤잠을 자지도 못하고 애써 노력한 우리 학문의 조상들이 피땀 흘린 발자국과 그들의 고달픈 인생행로와 비범한 생애 등을 알아보아, 그들을 닮아보려는 노력이 결코 무의미한 일이 아니라고 생각하여 이 책을 쓰게 되었다.

과학은 인류의 행복만을 바라지, 결코 인류의 불행을 원치 않는다. 오늘의 우리 세계를 참뜻에서의 낙원으로 이끄는 것이, 바로 선배 화학자의 올바른 과학정신을 계승하는 길이라고 생각하기 때문에, 역사에 빛나는 몇 사람의 위대한 화학자의 생애와 업적을 모아 이 책을 쓴 것이다.

물론 위대한 화학자는 한두 사람이 아니라 수없이 많지만, 지면 관계로 우선 몇몇 화학자만 골라서 소개하기로 하였다. 이 책에서 가장 중요한 사실만을 소개하게 되어 안타깝게 생각한다.

위대한 화학자의 생애를 보면 거의 모두가 젊은 청소년 시절에 훌륭한 생각과 사상으로 놀라운 업적을 남겼다. 그러므로 우리나라의 젊은 청소년들도 이들처럼 화학자들을 본받는다면 이들 못지않은 훌륭한 업적을 남길 수 있으리라 생각한다. 이 작은 책 한 권이 큰 희망에 불타는 청소년들의 마음에 불씨가 되기를 저자는 손 모아 비는 바이다.

끝으로 전파과학사 손영수 사장님을 비롯하여 여러 편집부 직원의 노고에 감사를 드린다. 이분들의 노고가 없었다면 이 책이 세상의 빛을 볼 수 없었을 것이며, 다시 한번 진심으로 감사의 마음을 전한다.

이길상

차례

머리말 · 4

1. 아리스토텔레스 · 11
출생 | 스승과 제자 | 아리스토텔레스의 약점 | 침략자의 스승 | 아리스토텔레스의 지구중심설 | 아리스토텔레스의 낙하운동 | 데모크리토스의 원자설과 아리스토텔레스의 위험사상 | 플라톤의 사상 | 아리스토텔레스의 4원소 변환설

2. 연금술 시대의 화학자들 · 33
헬레니즘 | 이집트의 모습 | 파피루스 | 연금술 | 사라센문화(이슬람문화) | 유럽의 라틴문화 | 게베르의 책 | 연금술사의 3원소설 | 알베르투스 마그누스 | 로저 베이컨 | 라이문두스 룰루스 | 프랜시스 베이컨

3. 르네상스 시대의 화학자들 · 57
이아트로 화학 | 파라셀수스 | 판 헬몬트 | 게오르기우스 아그리콜라 | 글라우버

4. 로버트 보일 · 79
보일 시대의 시대적 배경 | 보일의 생애 | 자연은 진공을 싫어하지 않는다 | 진공 펌프 | 보일의 법칙 | 입자가설 | 『회의적인 화학자』 | 근대 화학의 시조 | 원소 | 귀납법과 연역법 | 화학의 목적 | 원소설과 원자설 | 지시약의 발견 | 잉크의 발견 | 염화은의 성질 | 인산과 흰 인 | 분석화학 | 그 밖의 업적 | 보일의 노년기

5. 조지프 프리스틀리 · 103

생애 | 플로지스톤 가설 | 프리스틀리의 기체 화학 | 기체 화학의 선구자들 | 마침내 산소를 발견 | 라부아지에와의 만남 | 다시 영국으로 돌아와서 | 또 한 명의 산소 발견자 | '러버'라는 이름의 유래 | 프리스틀리가 발견한 여러 가지 기체 | 그 밖의 업적 | 노년기

6. 앙투안 로랑 라부아지에 · 129

소년 시절 | 생애 | 라부아지에의 업적 | 라부아지에의 애석한 과오 | 라부아지에의 사형 집행 | 비굴하고도 뼈아픈 화학사의 오점 | 영광

7. 존 돌턴 · 153

소년 시절 | 생애 | 원자설 | 원자론의 간접적 증명 | 과학 탐구의 두 가지 방법 | 원자량 | 돌턴의 잘못된 단순 법칙 | 원소기호 | 원소와 원자 | 원자론을 뒷받침한 기체 반응의 법칙 | 아보가드로의 분자설 | 카니자로의 공헌 | 돌턴의 최후

8. 험프리 데이비 · 177

소년 시절 | 생애 | 한 사람의 제자 | 데이비, 생애 최고의 날 | 드디어 안전등의 발명 | 데이비 성공을 뒷받침한 전지 | 새 원소의 발견 | 접촉설과 화학설 | 그로터스의 착상 | 이온 | 염소의 단체성 | 전기화학적 가설 | 데이비의 말년

9. 유스투스 폰 리비히 · 203

소년 시절 | 문제의 인물 두 사람 | 유학 시절 | 21세의 대학 교수 | 가정의 행복 | 리비히의 성격 | 유기물에 대한 생기론 | 생기론의 몰락과 유기화합물의 합성 | 두 사람의 화학자가 만나게 된 인연 | 이성질체 | 원자단의 발견 | 유기원소 분석법의 확립 | 농예화학의 은인 | 노년기

10. 프리드리히 아우구스트 케쿨레 · 225

소년 시절 | 생애 | 케쿨레의 짧은 행복, 그의 가정생활 | 케쿨레 당시의 유기화학 | 탄소의 사슬 모양 결합 구조 | 탄소의 고리 결합 구조 | 유기물의 광학 이성질체 | 비대칭 탄소원소 | 노년기

11. 로베르트 빌헬름 분젠 · 247

소년 시절 | 생애 | 분젠의 성격 | 분젠의 업적 | 분젠과 키르히호프의 스펙트럼 | 노년기

12. 드미트리 이바토비치 멘델레예프 · 55

소년 시절 | 출발 | 실망과 용기 | 고아가 된 멘델레예프 | 대학 졸업 | 학자로서의 출발 | 성격 | 결혼과 취미 | 멘델레예프의 선구자들 | 멘델레예프의 주기율표 | 예언 | 멘델레예프의 화학적 지식 | 노년기

13. 윌리엄 램지 · 287

소년 시절 | 생애 | 비활성 가스의 발견 | 램지의 등장 | 아르곤 | 0족 원소 |
헬륨 | 예언과 실현 | 라돈의 밀도 연구 | 램지가 남긴 저서들 | 노년기

14. 마리 스크워도프스카 퀴리 · 307

소녀 시절 | 가난한 여학생 | 결혼 | 생애 | 성격 | 노벨상 가족 | 음극선 |
X선 | 베크렐의 실험 | 방사능 | 폴로늄 | 라듐 | 노년기

15. 엔리코 페르미 · 327

생애 | 핵반응 | 인공 방사성 동위원소 | 중성자 | 가이거-뮐러 계수관 |
페르미의 실험 | 페르미의 망명 | 우라늄 핵분열의 조각 | 원자 물리학회 |
루스벨트 대통령께 진언 | 연쇄반응 | 페르미의 영감 | 제2의 불 | 원자탄 |
원자탄의 투하 | 노년기

부록 원소명과 발명자 · 348

1

아리스토텔레스

Aristoteles

기원전 384~기원전 322년

출생

아리스토텔레스는 마케도니아(Macedonia)와 인접한 작은 도시 스타키라(Stagira)에서 마케도니아왕의 의사의 아들로 태어났다. 어릴 때부터 의술을 배웠고, 이 도시는 당시 이오니아(Ionia)의 식민지였으므로 이오니아의 자연학적 분위기 속에서 자라났다. 아버지가 세상을 떠난 뒤, 그는 17세에 고등교육을 받기 위해 아테네(Athenae)로 떠났다. 그는 아테네의 플라톤(Platon, 기원전 427~기원전 347년)이 세운 학교 '아카데미아(academia)'에서 공부했다. 그의 스승인 플라톤이 "크세노크라테스(Xenokrates, 기원전 396?~기원전 314?년)에게는 회초리가 필요하지만 아리스토텔레스에게는 고삐가 필요하다"라고 할 만큼 아리스토텔레스는 열심히 공부했다. 나중에 이 학교의 교장이 된 크세노크라테스는 회초리를 때리지 않으면 공부를 하지 않았지만, 아리스토텔레스는 오히려 고삐를 잡아당기지 않으면 지나치게 공부에만 열중해서 말릴 수 없을 정도였다고 한다.

이렇게 플라톤에게 모든 학문의 영양분을 흡수한 아리스토텔레스는 그 후 플라톤의 곁을 떠나 스스로 독립하여 학교를 만들었다.

그 당시 아테네 사람들은 손을 더럽히는 일은 천한 짓이라고 생각했다. 육체노동은 노예에게 시키고 자신들은 손을 더럽히지 않고 세계와 자연을 관찰하며 질서와 법칙을 생각하고 이상과 목적을 밝히는 데에만 노력했다. 따라서 실험이니 관찰 따위는 그리스 사람들에게 전혀 인연이 없었다.

그러나 후진국인 마케도니아의 의사 아들인 아리스토텔레스는 스스로 자기 손을 더럽혀 실험하고 관찰하면서 살아왔다. 특히 생물학 분야 실험을 많이 했다.

스승과 제자

그 당시 그리스는 도시마다 하나의 국가가 형성되어 있었으므로 단순히 그리스라고 하지만, 사실은 도시국가(polis)의 종합이었다. 그리스인 전체의 공통적인 적이 나타났을 때만 폴리스가 협동하여 전 그리스 연합군을 형성하는 것이다.

큰 적인 페르시아(Persia)의 침략으로 이오니아 지방이 자유를 잃게 되자 전 그리스 연합군이 협력하여 싸워 결국 페르시아를 격퇴했는데, 이 연합군의 지도자가 바로 아테네 폴리스였다. 그 후 아테네는 문화의 중심지로 번영하게 되었고, 이 아테네에서 이른바 아테네의 3대 별이 나타났다.

'소크라테스(Socrates, 기원전 470~기원전 399년) → 플라톤 → 아리스토텔레스'라는 사제 관계로 계승되는 아테네의 3대 별은 유럽의 사상과 과학 역사에 큰 영향을 끼쳤다.

'인간의 덕(德)'에 대해 정열적으로 대화를 계속한 소크라테스는 '자연'에 대해서는 그리 관심이 없었다. 그는 자연을 무시하고 오직 인간에게만 관심을 가졌는데 '덕은 지(知)다'라는 그의 사상은 유럽의 지성(知性)을 다른 문화권의 성장과는 다른 독특한 것으로 유도하는 도화선이 되었다.

1-1 | 소크라테스

그의 제자인 플라톤은 아주 잘생긴 귀공자였다. 스승과는 달리 플라톤은 인간을 아름답게 미화시킬 수 있었다. 이상적인 국가, 이상적인 아름다움, 이상적인 인간, 이상적인 선(善), 즉 그가 말한 이데아(idea)세계를 바라보는 플라톤의 맑은 눈동자에는 스승인 소크라테스보다 훨씬 더 천재 시인다운 광채가 빛나고 있었다.

그러나 이데아만을 바라본 플라톤은 현실의 '자연'을 볼 수 없었다. 그러므로 플라톤에게서 자연과학적인 것을 기대하기는 어려웠다.

아테네 토박이였던 소크라테스와 플라톤은 아테네를 한없이 사랑했

1-2 | 플라톤(왼쪽)과 아리스토텔레스(오른쪽)

다. 소크라테스는 아테네를 너무나 사랑했기 때문에 아테네로부터 사형선고를 받고 코닌(conine)이라는 독약을 마시고도 태연하게 죽을 수 있었다.

그러나 플라톤의 제자인 아리스토텔레스는 아테네 태생이 아니었으므로 태도가 약간 달랐다.

이상적인 '모델(idea)'을 그리고 있었던 스승 플라톤과는 정반대로 제자인 그는 '현실'을 바라보고 있었다. 그러므로 아리스토텔레스는 스스로 손을 더럽혀 가면서 실험하고 관찰하여 자연의 현실을 알려고 했다.

아리스토텔레스의 약점

아리스토텔레스는 스승의 이상적인 모델인 '이데아'를 부인하고 현실의 물질과 세계를 응시했으므로, 이데아계의 왕자격인 플라톤은 나중에는 아리스토텔레스를 싫어했다. "기른 말에 차였다"고 한탄한 플라톤에 대해 아리스토텔레스는 "플라톤은 스승이며 친구이다. 그러나 진리는 더 소중한 친구이다. 진리에 반대하는 사람에 대해서는 비록 그가 스승이고 친구라 할지라도 따를 수 없다"라고 말했다.

이렇게 스승을 초월한 아리스토텔레스였지만 실제 그의 사상에는 플라톤의 영향이 상당히 스며들었다. 이것이 '자연과학자'로서 아리스토텔레스의 치명적인 약점이었다. 그는 물리학과 화학에 큰 공헌을 세웠지만 모두 잘못된 사상이었다. 기원전 4세기부터 기원후 16세기까지 무려 2000년 동안 아리스토텔레스의 잘못된 사상이 세상을 지배했다. 15~16세기의 코페르니쿠스(Copernicus, 1473~1543년)와 갈릴레이(Galileo Galilei, 1564~1642년)가 목숨을 걸고 투쟁한 것은 바로 기원전 4세기 아리스토텔레스의 천체 물리학, 즉 천동설(지구중심설)이었다. 또한 16~17세기의 보일(4장)과 라부아지에(6장)에 의해 공격받은 것도 기원전 4세기 아리스토텔레스의 화학(4원소 변환설)이었다. 앞으로 아리스토텔레스의 잘못된 물리학과 화학을 찾아보겠지만, 우선 아리스토텔레스의 조국인 마케도니아와 아테네의 관계부터 살펴보기로 한다.

침략자의 스승

마케도니아는 우리가 잘 아는 바와 같이 필립 2세(Philippe II)와 알렉산드로스(Alexandros, 기원전 356~기원전 323년)라는 2대에 걸친 부자의 맹렬한 침략자를 낳은 나라이다. 아테네에서 공부하던 아리스토텔레스는 필립 2세의 초청을 받아 조국으로 돌아와 그의 왕자인 알렉산드로스의 가정교사가 되었다. 그러나 아리스토텔레스는 왕자에게서 지식의 성장 모습뿐 아니라 정열적인 휴머니즘도 찾아볼 수 없었다. 게다가 필립 2세의 세계 정복 야망이 구체화되고 여기에 알렉산드로스가 가담했으므로, 아리스토텔레스는 알렉산드로스와의 사제 관계를 끊고

1-3 | 알렉산드로스

다시 아테네로 돌아가 공부를 계속했다.

그런데 얼마 후 아테네는 필립 2세가 이끄는 강력한 대군에 정복을 당하고 자유를 잃게 되었다. 필립 2세가 암살된 후 그 야망은 20세쯤이던 왕자 알렉산드로스에게 인계되어 상황이 점점 더 심해졌다.

알렉산드로스대왕의 야망은 소아시아, 이집트로 확대되고 실현되었다. 알렉산드로스는 아테네의 학문을 존중했으며 침략을 하면서도 아테네의 문화를 세계로 확대해 나갔다.

그는 아테네의 수많은 기술자를 데리고 원정길을 떠났다. 원정하여 도시를 점령하면 자신의 이름을 남기기 위해 알렉산드리아라는 도시를 만들고 그리스 문명을 널리 퍼뜨렸다. 세계화된 그리스 문명을 헬레니즘(Hellenism)이라고 하는데, 그중 가장 유명한 것이 나일강변의 알렉산드리아 항구도시다. 이 도시는 훗날 알렉산드리아 시대라고 불리는 고대 최후의 영광스러운 시대를 구축한 기반이 되었다.

알렉산드로스가 살아 있는 한 아리스토텔레스는 안전했다. 그러나 아테네 사람들은 그를 같은 나라 사람이 아니고 침략자의 스승으로 여겨서 몹시 미워했다. 현명한 아리스토텔레스가 이런 일을 모를 턱이 없었다. 이집트로 원정한 알렉산드로스가 죽은 뒤에는 사태가 어떻게 될 것인지도 잘 알고 있었다. 아테네에서는 틀림없이 그에게 사형을 선고할 것이라고 생각했다. 그리고 사실상 그렇게 선고했다. 그러나 아리스토텔레스는 그전에 아테네를 떠나 망명하다가 죽었다. "아테네가 두 번 다시 같은 잘못을 범하지 않도록 나는 아테네를 떠난다"고 말했다. "일찍이 아테네는 소크라테스를 죽였다. 이번에 다시 자기를 죽이면 아테네는 두 번 잘못을 반복하는 것이다. 그러므로 자기는 미리 아테네를 떠난다"라고 한 것이다.

아리스토텔레스의 지구중심설

아리스토텔레스의 운동(장소의 이동)에 대한 주장은 다음과 같다.

"…그런데 운동 중에서는 원운동이 제1인 것이 확실하다. 모든 운동은 원운동이 아니면 직선운동이며 또는 이들의 혼합운동인데, 이 중에서도 혼합운동은 원운동과 직선운동의 합성이므로, 원운동과 직선운동이 혼합운동보다 먼저이며 또한 원운동이 직선운동보다 먼저이다. 그것은 원운동이 좀 더 단일적이며 좀 더 완전하기 때문이다. 직선을 따라 무한한 거리를 이동하는 것은 불가능하며, 한정된 선(선분)을 따라 움직이는 운동은 만일 되돌아오면 그것은 합성된 운동, 즉 2개의 운동이며, 되돌아오지 않으면 그것은 불완전한 운동 즉 소멸하는 운동이다. 원래 개념(槪念) 규정상으로나 시간상으로나 완전한 것은 불완전한 것보다 먼저이며, 소멸되지 않는 것은 소멸하는 것보다 먼저이다. 또한 영원히 가능한 운동은 그렇지 않은 운동보다 먼저이다.

원운동은 영원할 수 있지만 그 밖의 운동은 영원할 수 없다. 왜냐하면 모든 운동은 정지가 일어나며, 정지가 일어나면 운동이 소멸되기 때문이다."

도대체 완전한 것이 먼저이고 원운동이 제1이라는 생각은 어디서 온 것일까? 왜 불완전한 것이 나중이고 직선운동이 제2이라고 하는가? 확실히 '불완전'이라는 말(개념)은 '완전'이라는 말(개념)이 있어서 비로소 의미가 있으므로, 개념 규정상 '완전' 쪽이 먼저 있게 되지만 시간적으로도 '완전'이 먼저라는 보장이 어디에 있는가? 여기에 아리스토텔레스는 플라톤의 사상을 뚜렷하게 받았다.

"그런데 운동은 직선, 원(圓)이 아니면 이 2개가 혼합된 것인데⋯ 원운동은 중심을 돌고 있는 운동이며, 직선운동은 위 또는 밑으로의 운동이다. 또한 '위'는 중심에서 떨어지는 것이며 '밑'은 중심으로 향하는 것이다. 그러므로 단일운동(직선운동과 원운동)은 모두 중심에서 떨어지는 운동, 중심으로 향하는 운동, 중심을 도는 운동 중 그 어느 하나에 지나지 않는다."

아리스토텔레스는 이렇게 생각했다. 결론적으로 그는 우주의 중심은 지구이며, 지구의 중심이 우주의 중심이라고 생각했다. 지구상의 만물은 끊임없이 생성·소멸을 계속하여 영원한 것은 없다. 따라서 지구상의 물체의 운동(자연운동)은 직선운동이며 원운동은 지상에는 존재하지 않는다고 했다.

이에 대해 신(神)의 현실 활동은 불사(不死)이다. 즉 영원한 생활이어야 한다. 그러므로 천계(天界)는 영원한 것이다. 이는 천계가 신적(神的)인 것이기 때문이다. 따라서 천계는 자연적으로 원운동을 하는 둥근 물체를 가지고 있다. 즉 원운동→영원한 것→신적인 것으로 연결되며 아리스토텔레스의 우주에 비로소 신이 등장하게 된다. 천계는 하계(下界)보다 고귀하며 하계는 물, 공기, 흙, 불의 4원소로 되어 있는데, 천계에는 하체에 존재하지 않는 순수한 원소인 아이테르(aither 또는 ether)로 되어 있다. 하계의 4원소 중에도 흙→물→공기→불의 순서로 상공에 가까워지고 고귀성을 가진다. 그러므로 지구 중심에 가장 가까운 흙이 가장 저급한 원소라고 했다.

플라톤이 그린 이상국가(理想國家)가 저위(低位)의 서민(庶民)→중위의 관리와 군인→고위의 통치자(=철학자=왕)라는 질서를 가지는 것과 비슷하게 아리스토텔레스의 우주에도 위계(位階)가 있었다.

지구의 중심에서 멀리 떨어질수록 신적인 것이 된다는 아리스토텔레스의 고귀한 천계는 몇 층으로 쌓인 구면(球面)으로 되어 있다. 가장 바깥층에는 항성구(恒星球)가 있고 많은 항성이 그 구면 안에 고정되어 있다. 항성구는 우주의 한계이며 우주 전체의 지배자에 의해 하루에 한 번, 1일 1회전의 비율로 동쪽에서 서쪽으로 회전한다. 항성구의 아래쪽 즉 안쪽의 순으로 토성구, 목성구, 화성구, 수성구, 금성구, 태양구가 있고 가장 안쪽에 월구(月球)가 있다.

그 당시의 천문 관측값에 맞게 하려고 아리스토텔레스는 이들 각 구에 각각 다른 기동자(起動者)를 생각했고, 각 행성(行星)에 각각 몇 개의 구면을 생각하기도 했다. 이렇게 하여 아리스토텔레스는 모든 천계가 지구를 중심으로 운동하고 있다는 잘못된 사상을 가지게 되었는데, 2000년 후에 코페르니쿠스와 갈릴레이가 죽음을 각오하고 반대한 것이 바로 이 아리스토텔레스의 천동설(天動說, 지구중심설)이었다.

아리스토텔레스의 낙하운동

똑같은 돌이라도 공기 속을 낙하할 때와 물속을 낙하할 때, 그 낙하운동에 빠르고 느림이 생기는데 이것은 공기나 물 같은 매질(媒質; medium)의 밀도 d에 관계되며 일정 거리를 통과하는 시간 t는 d에 비례한다고 아리스토텔레스는 생각했다.

같은 매질 속을 낙하할 때에도 돌과 나뭇잎은 그 낙하운동에 역시 빠르고 느림이 생긴다. 이때의 시간 t는 낙하하는 물체의 무게 w에 반비례한다고 했다. 즉

$$t \propto 1/w \ \ 즉 \ \ t \propto d/w$$

로 된다. 또한 일정한 거리를 낙하하는 시간 t는 낙하속도 v에 반비례

한다($t \propto 1/v$). 그러므로 이것은 모두 합쳐 보면 $v2w/d$와 같은 관계를 얻을 수 있다. 즉 자연 낙하운동(강제운동이 아님)의 속도는 낙하 물체의 무게에 비례하고 그것이 통과하는 매질의 밀도에 반비례한다는 것이다.

그런데 진공 속에서 낙하운동은 어떨까? 아리스토텔레스는 원자도 진공도 인정하지 않았다. 그가 생각하는 물질계는 끊임없이 계속되는 연속체라는 것이다. 그러므로 아리스토텔레스는 "자연은 진공을 싫어한다"는 사상을 가지고 있었다. 만일 진공이 있다면 무거운 물체도 가벼운 물체도 모두 같은 속도로 낙하할 수밖에 없다. 그러나 그런 어리석은 일은 있을 수 없다고 보았기에 그는 진공은 존재하지 않는다고 생각했다.

그러나 이것을 실험적으로 증명한 사람은 2000년 후의 갈릴레이였다. 2000년 동안 물질 탐구자들은 모두 아리스토텔레스의 "자연은 진공을 싫어한다"라는 생각을 공통적으로 받아들였다. 아리스토텔레스는 그의 천동설과 함께 또 한 번 과오를 범했다.

데모크리토스의 원자설과 아리스토텔레스의 위험사상

그리스의 철학자인 데모크리토스(Demokritos, 기원전 460?~기원전 370?년)는 다음과 같은 원자설(原子說)을 주장했다.

① 만물은 무수한 원자(atom)로부터 되어 있다. 원자는 질적으로는 같지만 크기, 무게, 모양 등이 다르다. 너무 작은 알맹이이기 때문에 감각으로도 알 수가 없다.

② 원자는 더 이상 쪼갤 수가 없다 (a…안 된다, tom…쪼갠다).

③ 원자와 원자가 운동하고 있는 빈 공간(진공)만이 존재한다.

④ 원자는 새로 생기지 않으며 또 없어지지도 않는다. 없어진 것처럼 보이는 것은 원자의 운동 때문에 다른 물체로 변화한 까닭이다.

1-4 | 제자들에게 원자설을 설명하는 데모크리토스

⑤ 원자의 운동은 그 무게에 의해 혼자서 일어난다.

그러나 이러한 데모크리토스의 사상도 그 당시 그리스의 상류사회에는 통하지 않았으며 특히 아리스토텔레스에 의해 거부되었다. 데모크리토스는 이 세계가 원자의 진공(원자가 뛰어다니는 공허한 공간)으로 되어 있고, 그 밖에는 아무것도 존재하지 않으며 모든 변화는 원자의 이합집산(離合集散)에 의해 일어난다고 하는 훌륭한 물질관(物質觀)을 발표했는데, 이는 물론 아리스토텔레스의 진공을 싫어한다는 사상에 의해 모조리 거부되었다. 아리스토텔레스는 질서 정연한 우주관을 가지고 있었다.

어떤 질서도 목적도 가지고 있지 않은 한 개 한 개의 원자가 진공 속을 제 마음대로 뛰어다니며 결합하고 분리하여 만물을 형성한다는 데모크리토스의 세계는, 이상주의자인 플라톤의 제자인 아리스토텔레스는 도저히 납득할 수 없었다. 또한 '아무것도 없는 공간이 있다' 즉 '무(無)가 있다'는 모순에 찬 데모크리토스의 물질관은 논리학자인 아리스토텔레스가 가장 마음에 들어 하지 않은 이론이었다.

데모크리토스 시대 그리스의 중심 도시였던 아테네는 평화와 번영에 취하고 사람들은 타락하여 풍기 문란했으므로 아테네를 사랑한 소크라테스와 플라톤은 어떻게 해서라도 원래의 아름답고 이상적인 아테네로 돌아가게 하려고 노력했다. 문란해진 사회를 치료하기 위해서는 도덕적, 종교적인 마음으로 이상적인 인간을 형성하고, 애국심을 가지고 훌륭한 국가를 만들어야 한다는 플라톤의 노력에 대해 '이 세계는 원자와 진공뿐이다'라는 원자설은 참으로 사람을 무시한 이야기일 수밖에 없었다. 사랑도 질서도 이상도 없이, 단지 원자들의 무질서한 운동으로 우리의 세계가 형성되었다는 데모크리토스의 사상은 플라톤 일파들을 크게 자극했다.

데모크리토스는 언제나 웃음을 잃지 않는 용감한 민주주의자였는데, 사람 위에 사람을 만드는 질서 있는 계급사회는 있을 수 없는 것이었다. 높은 사람이라든지 훌륭한 사람이라든지 하는 것은 참으로 난센스이다. 이 모두가 원자의 집합체에 지나지 않는다. 임금이니 장관이니 사장이니 하는 것이 높다고 생각하는 것은 바보 같은 착각이다.

또한 원자설에 따르면 병과 죽음을 무서워하는 것도 의미가 없다. 죽음은 결합된 원자들이 분리되어 나가는 자연현상일 뿐이다. 죽음을 두려워하지 않으면 죽음에 연결되는 병도 무서워하지 않게 되어 인간의 괴로움은 줄어들고 그만큼 행복해진다. 이러한 정서적인 기본 문제에 대한 이론적인 도전자가 바로 아리스토텔레스였다.

① 원자가 아무리 작더라도 어떤 크기를 가지고 있다면 그보다 더 작은 크기로 얼마든지 쪼갤 수 있다.
② 진공이란 아무것도 없는 것, 즉 '무'인데 진공이 있다는 것은 '무'가 있다는 이야기가 된다.

아리스토텔레스는 두 가지를 들어 데모크리토스 사상을 맹렬히 공격했다. 이리하여 원자와 진공은 모두 정서적으로나 이론적으로도 사회에서 추방되었고 데모크리토스의 저서까지 불태워졌다.
이 원자설의 부활은 근대 초기 진공이 다시 등장하게 된 계기가 되었다. 보일, 뉴턴(Issac Newton, 1642~1727년) 등을 주축으로 한 노력에 따라 이루어졌는데, 마지막으로 돌턴(7장)에 의해 근대 원자론이 성립되었다.
데모크리토스에서 보일까지 2000년 동안, 물질 탐구의 뒷길을 걸어온 원자론과는 대조적으로, 앞길에서 각광을 받았던 것은 바로 아리스토텔레스의 4원소 변환설이었다. 이 4원소 변환설은 곧 자세히 설명하겠지만 흙→물→공기→불 그리고 '아이테르'로 이어지는 질서 속에서 진공이 없는 연속체설이, 진공 속을 조각조각의 알맹이가 돌아다닌다는 불연속체설을 압도하고 있었던 것이 아리스토텔레스의 4원소 변환설이었다. 이러한 잘못된 아리스토텔레스의 위험한 사상 때문에 인류의 과학 역사는 잠을 자면서 답보상태를 벗어날 수 없었다.

플라톤의 사상

그리스의 철학자 탈레스(Thales, 기원전 624~기원전 546년)는 만물의 기본은 물이라고 했다. 탈레스의 제자인 아낙시메네스(Anaximenes, 기원전 588~기원전 524년)는 만물의 기본은 공기라고 했다. 또 크세노파네스(Xenophanes, 기원전 560?~기원전 478?년)는 만물의 기본이 흙이라고 했다. 이것에 대해 헤라클레이토스(Herakleitos, 기원전 541~기원전 475년)는 만물은 불로 되었다고 했다. 후세 사람들은 이것을 물질의 구성 요소에 대한 1원설(一元說)이라 했다.

그 후 그리스의 철학자인 엠페도클레스(Empedokles, 기원전 493?~기원전 433?년)는 이른바 4원설을 주장했는데 만물은 물, 공기, 흙 및 불로 되었다고 했다.

플라톤은 만물의 기본물질로서 4원소 즉 물, 공기, 흙, 불을 인정했지만 여기에 또 하나 다섯 번째 물질로 천체의 물질과 결합하는 '아이

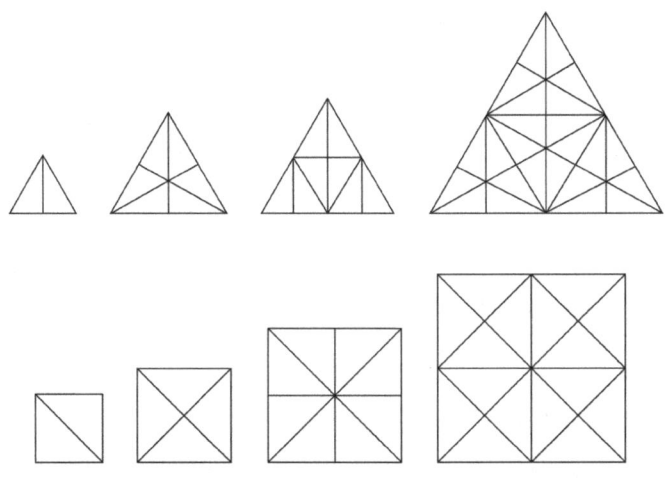

1-5 | 플라톤의 삼각형

테르' 또는 '제5원소(quintessence)'에 대해서 언급했다.

4원소는 4개의 다면체에 해당하는 물질이었다. 즉 4면체는 불, 6면체는 흙, 8면체는 공기, 20면체는 물에 해당하며 12면체는 천체의 원소에 해당한다고 했다. 4개의 정다면체의 면은 좀 더 작은 삼각형으로 분해할 수 있고, 6면체의 면은 직각삼각형으로 그리고 4, 8, 20면체의 30°, 60°, 90°의 각을 가진 부등변삼각형으로 분해될 수 있다. 흙의 6면체를 만들려면 장방형을 결합하면 된다. 불의 4면체, 공기의 8면체, 물의 20면체를 만들려면 등변삼각형을 결합하면 된다.

이렇게 하여 플라톤은 4원소의 상호 변환을 인정했다. 이와 같은 논리적인 사고방식은 현대과학에서는 있을 수 없지만 플라톤의 우주 본성을 다룬 『티마이오스(Timaios)』라는 저서가 라틴어로 번역되어 서방 세계의 과학적 사고에 영향을 미쳤으므로 이러한 사고방식이 오랫동안 영향력을 행사했다.

아리스토텔레스의 4원소 변환설

여기에 대해 아리스토텔레스는 스승인 플라톤의 영향을 강하게 받았지만 물질에 대한 그의 생각은 다른 방향으로 전개되었다. 그는 "모든 과학은 경이심으로부터 시작된다"고 하며, 최초로 귀납법(歸納法)이라는 사고방식을 생각해 낸 학자였다. 4원소는 모두 하나의 원질(原質)로부터 되어 있고 이 원질은 그 자체만으로 존재하는 것이 아니고, 4개의 촉감적 성질 즉 냉(冷), 온(溫), 건(乾), 습(濕)의 네 성질이 2개씩 조를 이루어 합해질 때 비로소 현실적인 물질로서 원소가 된다고 주장했다.

그러므로 그는 지상의 물질이 불(에너지), 공기(기체), 물(액체), 흙(고체)이라는 원소로 구성되어 있지만, 이것들은 각각 특유한 성질이 있어서 그 조합에 따라 각각 네 가지의 기본물질이 생긴다고 했다. 그는 하나의 성질은 그 반대의 성질과는 결합할 수 없다고 생각했으므로 4개의 가능한 조합만을 생각할 수 있고 이것이 각각 다른 원소라고 했다. 온하고 건한 것[溫乾]이 불, 온하고 습한 것[溫濕]은 공기, 냉하고 건한 것[冷乾]은 흙, 냉하고 습한 것[冷濕]은 물이라고 했다. 그러므로 물에 불이

1-6 | 원소의 우화(Ignis:불, Agra:물, Terra:흙, Aer:공기)

작용하면 물의 온이 물의 냉을 이기고, 이것을 변화시켜 그 결과 습하면서 온한 공기(수증기)가 생긴다고 설명했다.

그는 다시 각각의 원소가 몇 개의 성질을 가지고 있다고 했다. 즉 낙하하는 것은 흙의 본성이며 상승하는 것은 불의 본성이다. 그러나 천체는 지상에 있는 물질이 가지고 있는 어떤 성질과도 다른 성질을 나타낸다고 생각했다. 천체는 상승하지도 않고 낙하하지도 않고, 지구 주위를 불변의 원을 그리면서 움직인다고 보았다. 그는 이러한 천체의 물질을 자기 스승의 생각을 따라 제5원소 또는 아이테르[또는 에테르(ether)]라

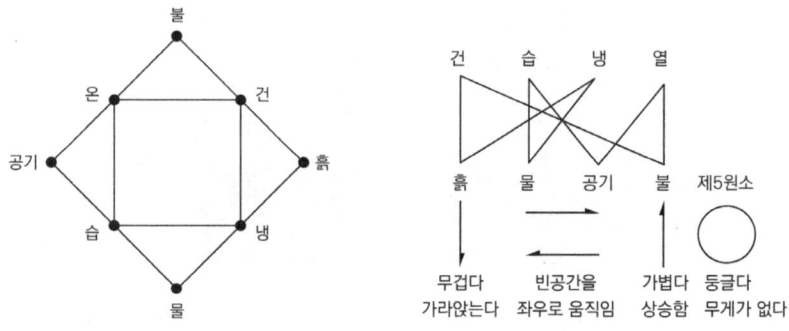

1-7 | 아리스토텔레스의 4원소설과 기본성질과의 관계

고 불렀다.

이 잘못된 4원소 변환설은 18세기 후반 라부아지에에 따라 타파되었는데 그동안 2000년 이상이나 잘못된 학설로 통용되었다. 그 까닭은, 첫째 아리스토텔레스의 권위가 너무 컸던 관계이고, 다음은 이 학설이 단지 관념론적(觀念論的)인 공상의 산물이 아니고 실험적인 설득력이 있었기 때문이다. 실제로 물을 그릇에 넣고 불로 가열하면 물(냉·습)의 습과 불(온·건)의 온이 결합하여 공기(수증기, 습·온)로 변하는 것을 볼 수 있었다.

아리스토텔레스의 이 잘못된 사상은 과학자들이 하나하나씩 바로 잡을 때까지 널리 믿어지게 되었고, 이 사상 때문에 인류의 역사는 2000년 동안 일찍이 볼 수 없었던 암흑시대라는 베일 속에서 연금술(鍊金術)이 판을 치게 되었다.

2

연금술 시대의 화학자들

헬레니즘

고전 그리스 철학 시대는 아리스토텔레스로 끝나게 되었다. 기원전 338년에 아테네는 마케도니아의 군대에 함락되었다. 마케도니아의 필립 왕은 페르시아 원정을 계획하던 중 암살되고 세계 정복의 야망은 그의 아들 알렉산드로스(알렉산더대왕)에게 인계되었다. 알렉산드로스가 페르시아, 이집트, 인도까지 정복하여 제국(帝國)을 건설하고 학문의 보급에 힘써 그리스 문명을 재건시켜 여기에 헬레니즘 문화의 기틀을 잡았다. 그가 세계 정복을 기념하여 기원전 331년 나일강변에 만든 도시 '알렉산드리아'는 헬레니즘 문화의 중심이 되어 약 2000년간 알렉산드리아 시대의 꽃을 피웠다.

알렉산드로스가 기원전 323년에 죽은 후, 그 부하였던 프톨레마이오스 1세(Ptolemaios 1, 재위 기원전 323~기원전 285년)와 2세(재위 기원전 285~기원전 246년)에 의해 웅장한 도서관과 학예(學藝)의 전당인 학사원(museum)이 생겼고 많은 학자들이 이곳에서 연구하고 활동했다. 2세와 3세는 다시 연구소, 동물원, 도서관 등을 건설하여 학문과 예능이 발전

2-1 | 아시아 땅을 밟은 알렉산드로스
소아시아의 고르디움에서는 끈을 묶어 놓고 이 매듭을 푸는 사람만이 왕이 된다는 예언이 있었다. 이것을 들은 알렉산드로스는 칼을 뽑아 한칼로 그 끈을 쳐서 끊었다고 한다.

하는 데 크게 이바지했다.

아리스토텔레스의 장서도 여기에 옮겨지고 도서관의 책만도 40만 권이나 되었다고 한다.

일반적으로 알렉산드로스의 동방 원정(기원전 334~기원전 323년) 이후부터 프톨레마이오스왕조 멸망(기원전 30년)까지의 시대를, 그리스 고대문화와 오리엔트(Orient) 문화의 융합으로 이루어진 헬레니즘 문화라고 한다. 이렇게 알렉산드리아에는 갖가지 혼합문화가 생기게 되었다. 예를 들어 고대의 가장 근대적인 과학자 아르키메데스(Archimedes, 기원전 287~기원전 212년)는 알렉산드리아에서 활약한 그리스인이었다. 수학자이자 물리학자이며 기술자였던 그는, 바로 그리스풍(風)의 '생각하는 사람'과 이집트풍의 '만드는 사람'이 혼합된 모습이었다.

이집트의 모습

상업 중심의 민주주의 사회로 권력이 강한 임금이 없었던 그리스와는 달리, 농업을 주체로 하는 이집트 왕국에는 절대 권력을 가진 왕조(王朝)가 있었다. 나일강의 신비한 나라 이집트에서는 강물의 범람을 막는 토목·건축기술(역학적 기술), 홍수를 예측하기 위한 점성술(천문학적 기술), 홍수 이후 토지를 다시 측량하기 위한 토지 측량기술과 막대한 왕조의 예산을 계산하기 위한 계산술(수학적 기술) 등이 진보했다. 이에 더해 농사기구, 무기의 재료가 되는 금속 기술, 보석, 염색, 향유, 고약, 화장품, 세탁제 등 많은 것을 만드는 기술을 알고 있었다.

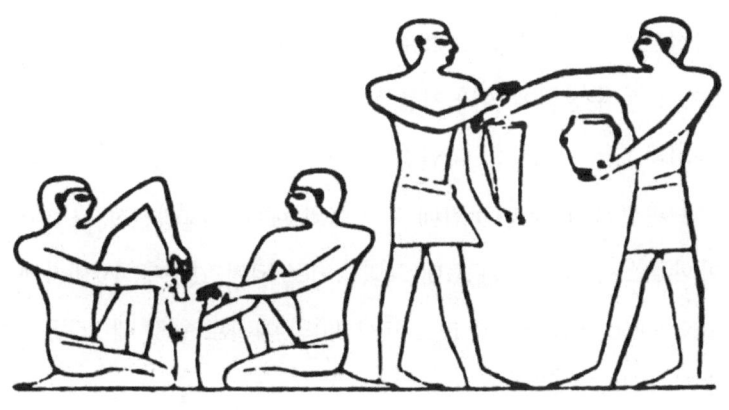

2-2 | 향유를 혼합하는 이집트 사람(기원전 2400년)

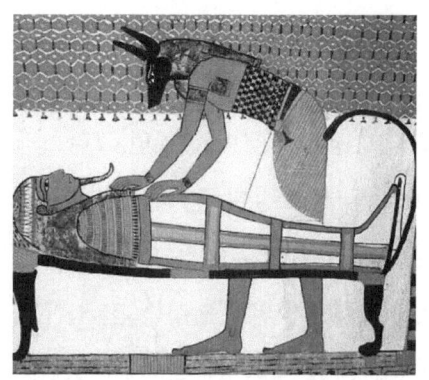

2-3 | 이집트인이 영혼의 불멸을 믿고 신이 영혼을 보호한다는 이집트 벽화(기원전 1000년)

한편 이집트인은 영혼 불멸을 믿고 신이 영혼을 보호한다는 신앙도 가지고 있었다.

이와 같은 사실들은 이집트 왕족들의 분묘 벽화에서 알 수 있고, 파피루스(Papyrus)에 기록된 내용에서도 그들의 훌륭한 기술이 나타나 있다.

파피루스

이집트의 금속, 합금, 유리류, 의약품 등에 관한 자세한 내용은 파피루스가 점점 수집됨에 따라 차츰 판명되었다.

파피루스는 이집트의 나일강 주변에 자라는 풀로, 이 풀을 익혀 종이처럼 판판하게 굳힌 것인데 이집트의 테베(Thebe)에서 발견되었다. 이 파피루스에 적힌 글은 고대 그리스어로 되어 있는데, 19세기에 나폴레옹(Napoléon Bonaparte, 1769~1821년)의 이집트 원정 때 그 뜻을 해독하기 시작했다.

파피루스의 일부분은 네덜란드의 레이던(Leyden) 박물관에, 또 일부

2-4 | 레이던-파피루스의 몇 줄

분은 스웨덴의 스톡홀름(Stockholm) 학사원에 보관되어 있다.

전자를 '레이던-파루피스', 후자를 '스톡홀름-파피루스'라고 한다. 이것은 기원전 시대의 화학 기술 및 연금술의 내용을 알아보는 데 매우 중요한 자료이다.

연금술

알렉산드리아의 헬레니즘 문화의 꽃은 프톨레마이오스왕조가 멸망하고 로마제국이 지배하면서 사라지게 되었다. 알렉산드리아에서는 경제가 쇠퇴함과 동시에 문화도 쇠퇴하면서 갖가지 신비주의 사상이 일어나게 되었다. 이러한 분위기 속에서 이집트 고유의 화학 기술과 아리스토텔레스의 4원소 변환가설 및 갖가지 신비 사상이 뒤얽혀 이른바 연금술(鍊金術)이 탄생하게 되었다.

고대 이집트 사원(寺院)의 부속 공장에서는 종교적 기구를 만들기 위해 많은 직공을 썼으며, 이에 따라 수공업적인 화학 기술이 성행했다. 처음에 이 기구는 금, 은, 구리, 보석 등으로 만들었으나 시간이 흐르면서 차츰 모조품과 대용품을 만들어 사용하게 되었다. 이때 이 공장의 관리자였던 승려들은 이런 기술을 발전시키는 한편 이것을 비밀로 하고 외부에 흘러 나가지 못하게 했다.

그 당시에 알려진 금속은 금, 은, 구리, 수은, 납, 상납, 철 등의 7종류(고대의 7금속)인데 이런 금속을 표시할 때도 비밀스러운 기호로 당시에 알려진 천문학상의 행성들로 표시하여 일반 사람들에게는 비밀로 했다.

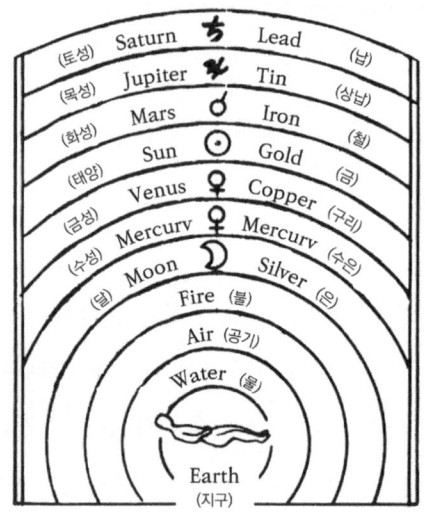

2-5 | 고대 7금속의 비밀부호

2-6 | 알렉산드리아 시대의 작업실(기원 1세기)

　알렉산드리아의 경제와 헬레니즘 문화의 쇠퇴와 더불어 사방에서 일어난 신비주의 사상은 승려 계급에게 결정적인 영향을 주었다. 그들은 자기의 지위를 확보하고 위엄을 유지하며 경제적 안정을 보전하기 위해, 일반 대중의 신비주의적 경향에 순응하여 마술을 부리면서 자신들이 귀신에 대해 영향력을 가졌다는 것을 증명해 보이려 했다.

　이렇게 마술사나 의식적인 사기꾼이 된 그들은 사원의 공장 안에서 비밀 기술로, 대용품인 것을 의식하며 모조품을 만들어 진짜 금을 대신하는 일을 하지 않을 수 없었다.

　더욱이 그들에게 용기를 준 것은 아리스토텔레스의 4원소 변환가설이라는 이론적, 학문적인 뒷받침이었다. 아리스토텔레스와 같은 대학자가 모든 물질은 4원소로 되어 있으므로 냉·습·건·온의 조건을 다양

2. 연금술 시대의 화학자들　41

하게 바꾸어 주는 제5원소를 더하면 다른 물질로 변환시킬 수 있다고 역설했기 때문이다. 그러므로 납이나 철처럼 값싸고 흔한 금속을 금이나 은처럼 값비싸고 고귀한 금속으로 바꾸어 보겠다는 야심이 생기게 된 것이다.

이것이 바로 '금속 전환술'인 연금술인데, 기원 1세기경의 헬레니즘적 이집트의 도시 알렉산드리아에서 승려계급의 이익을 보전하기 위한 필요성에서 생각해 낸 마술적, 사기적 기술이었다.

당시의 모든 종교는 진짜 금과 거짓 모조금을 구별하는 '황금 감정법'이 발달되지 않았으므로, 단지 누런 빛깔로 반짝이기만 하면 금이라고 주장하는 사기꾼도 많았다.

아르키메데스가 목욕탕에서 '부력(浮力)의 원리'를 발견했다는 유명한 이야기도, 당시 임금의 금관이 진짜인지 가짜인지를 알아내려는 고민 끝에 발견한 원리이기도 했다.

때로는 이러한 사기 기술이 발각되어 사형당한 사람도 있었으나 사기 기술인 연금술은 좀처럼 없어지지 않았다.

그 후 기원 3~4세기경에 기독교의 영향을 받아 이러한 사원이 무너지게 되자, 이 비밀을 간직한 사람들은 추방되어 페르시아, 시리아 지역으로 피신했고, 그곳에서 약 2세기 동안 연명한 후 새로운 정복자인 아랍인에게 이 기술이 계승되었다.

사라센문화 (이슬람문화)

고대의 종말은 로마제국의 멸망이라고 한다. 그 연대는 로마제국이 동서로 분열된 395년이라는 설과, 서로마제국이 멸망한 476년이라는 설이 있는데 아무튼 5세기경이었다.

그 후 15세기경까지 약 1000년간 중세가 시작된다. 유럽은 기독교의 절대 권력 때문에 학문의 발전이 정지되었을 때 아랍어를 공용어로 사용하는 지역, 즉 이집트, 이라크, 이란, 스페인 등지를 중심으로 한 이슬람 세계에서 훌륭한 과학이 꽃피기 시작했다.

아랍인은 기원 7세기 초엽까지는 목축과 상업을 하는 민족으로 낮은 문화를 받아들였다. 이 무렵 무함마드(Mohamed; Mahomed, 570~632년)라는 인물이 나타나 유일의 신 알라(Allah)에게 복종을 제창하여 민족 통일 운동을 이끌었고, 그 결과 봉건제도의 막에 갇혀 있던 서유럽을 누르고 일약 세계사의 중심에 서게 되었다.

632년에 무함마드가 죽은 후, 그 후계자인 교왕은 한 손에 코란

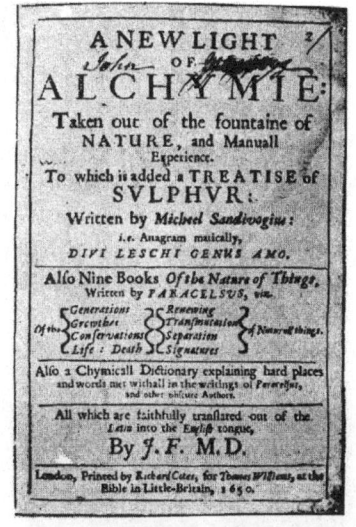

2-7 | 런던에서 출판된 화학서(1650년). 알케미라는 말을 사용하고 있다.

2. 연금술 시대의 화학자들

(Koran)을, 다른 손에 칼을 들고 이교도의 정복에 성공하여 순식간에 광대한 사라센(Saracens)제국을 건설하고 중세의 암흑 속에 사라센문화 또는 이슬람문화의 꽃을 피웠다. 이는 곧 사막의 문화란 뜻이다. 그 광대한 문화권은 서쪽으로는 북아프리카에서 이베리아(Iberia)반도까지며, 동쪽으로는 인도, 중앙아시아까지의 실로 광대한 지역이었다.

무함마드의 후계자들은 모두가 문화를 존중하여 새 수도인 바그다드(Bagdad)에 과학자를 불러모으고, 그리스어 원문을 수집하게 했다. 828년에는 번역을 담당하는 '지혜의 집'을 창설하고 9세기부터 10세기까지 기간에 그리스어 과학 서적을 거의 모두 아랍어로 번역했다.

바그다드, 카이로, 코르도바(Córdob) 등지에 연구소, 천문관측소, 도서관, 대학 등을 설립하고 그리스 원전을 아랍어로 번역하여 자신들의 문화로 소화시키는 한편 인도, 중국 등지의 지식까지도 의식적으로 받아들여 자신들의 과학을 만들어 냈다.

2-8 | 아랍의 약국(8세기)

이 무렵 이집트의 연금술 학자들은 사방으로 흩어져 지하에서 비밀리에 단지 말로만 연명해 왔는데, 비로소 이들 연금술 학자도 이슬람 문화권 밑으로 모여들어 여기서 새 주인의 힘을 입어 다시 햇빛을 보게 되었다.

이렇게 쌓아 만든 사라센문화는

2-9 | 아랍의 병원 진찰실

기독교국으로 차츰 퍼져 나가 12세기경부터 프랑스, 독일, 영국으로 확대되었다.

그러나 이 사라센문화가 라틴어 문화권으로 퍼져 나갈 때, 자연과학상의 전문적인 술어(術語)를 번역할 수 없어서 특수한 용어는 아랍어 그대로 오늘날까지 사용된다. 예를 들어 알코올(alcohol), 알칼리(alkali), 알제부라(algebra, 대수), 알마낙(almanac, 달력), 알렘빅(alembic, 증류기) 등은 모두 아랍어의 관사 알(al)이 그대로 사용된 예이다.

이러한 아랍문화 중에는 인도에서 온 것도 있었다. 그중 하나가 아랍 숫자이다. '0'을 발견한 것은 인도인의 공적이었지만, 아랍인은 이것을 완전히 자기 것으로 소화해 오늘날 세계 모든 사람들이 사용하는 아랍 숫자가 유럽에 전달되었다. 연금술을 알케미(alchemy)라 부르게 된 것도 아랍에서 이것이 본격적으로 발전된 까닭이며, 물질 탐구의 과학은 '알케미'를 거쳐 케미스트리(Chemistry, 화학)로 되었다고 한다.

이 밖에도 천문학, 물리학, 기술, 의학과 약학, 지리학 등 갖가지 자연과학 부문에서 이슬람 과학은 많은 업적을 남겼다. 8세기경에는 이미 약사가 독립된 직업을 가지고 공설약국을 운영할 수 있었으며, 당시 아랍의 의학과 약학이 상당히 높은 수준에 있었다.

그러나 연금술에 대한 중세기 아랍의 공헌은 단지 이것을 보존하여 후세에 전달해 준 것뿐이었다. 결과적으로 아랍은 고대와 근대를 연결하는 교량적 구실만을 했다. 따라서 중세기의 주인은 아랍이었다고 해도 지나친 말이 아니다.

유럽의 라틴문화

유럽의 봉건체제는 기원 12세기경부터 서서히 해체되기 시작했으며, 봉건의 잠 속에 빠져 있던 서유럽도 문화가 발전하기 시작했다. 12세기 동안 서유럽 제국의 학도들은 사라센문화를 배우기 위해 스페인으로 갔으며 아랍어의 교과서와 철학서를 라틴으로 번역하여 보급시켰다. 아랍의 연금술도 이 경로를 거쳐 소개되었으며 남프랑스와 이탈리아에서 유럽으로 흘러 들어갔다. 특히 십자군 원정(1096~1270년 전후 8회)으로 아랍 세계와 친히 접촉하게 된 유럽인들은 그리스 문명의 대부분이 아랍어로 번역되어 보존되어 있음을 발견하게 되었다.

12~13세기의 유럽에서는 아랍어의 문명을 라틴어로 번역하기 시

작했다. 아랍의 문명은 물론, 아랍어로 번역된 그리스, 로마의 유산도 다시 라틴어로 번역되었다. 근세의 유럽 문명은 이렇게 탄생하게 되었다. 또한 13세기 이후 십자군 원정 결과로 유럽에도 병원이 생기게 되었다.

게베르의 책

아랍인의 화학 사상 체계는 자비르 이븐 하이얀(Jabir ibn Hayan, 760년경~815년경)의 책에서 볼 수 있다. 자비르는 라틴어로 게베르(Geber)라고 불렸으며, 그의 이름은 와전되어 라틴 세계에서는 그의 저서가 『게베르의 책』이라는 이름으로 알려지며 널리 유명해졌다.

자비르의 생애는 신비에 싸여 확실히 알 수 없으나 722년부터 815년까지 생존하면서 이슬람 교왕의 연금술사로 일했던 것 같다. 이 책에는 대부분 화학적, 야금적 실험법이 기록되어 있고 화합물로부터 비소(As)와 안티모니(Sb)를 분리시키는 법, 초의 제조법, 의복과 가죽의 염색법, 금속의 제련, 구리의 제조법 등이 광범위하게 기록되어 있다.

이 책에 따르면 13세기 말경의 연금술 학자들이 어떤 지식을 가지고 있었는지도 알 수 있다. 여기에 따르면 알코올, 에테르, 초산, 질산, 황산, 왕수(王水), 백반, 염화암모늄, 아연과 수은 화합물, 질산은, 비누, 알칼리 등이 모두 다 잘 알려져 있었다. '냉'과 '습'의 성질을 지닌 아리스토텔레스의 물에 대해, 마시면 몸이 더워지는 알코올은 아주 신비롭게 느껴졌을 것이다. 알코올을 '불타는 물', '생명의 물'이라고 한 것도 이 신비로움의 표현이었다. 그러므로 아리스토텔레스의 4원소 변환설도 아랍에서는 일부 수정되어 갔다.

연금술사의 3원소설

원소의 전환을 믿었다는 점은 아리스토텔레스나 아랍인이나 모두 같지만 아랍인들은 금속이 물, 공기, 흙, 불의 4원소로 직접 이루어진 것이 아니라 우선 물과 흙에서 수은이 만들어지고, 다음에 불과 공기에서 황이 생기고, 이 수은과 황이 결합하면 금속이 생긴다는 것이었다.

이와 같은 황, 수은에 다시 소금을 더해 이른바 물질 구성의 3원소설을 주장했다. 이 설은 나중에 설명하는 연소의 플로지스톤(Phlogiston) 가설로 발전되었다.

황은 탄소와 함께 예로부터 알려진 비금속 원소인데 금처럼 빛깔이 황색이며 거의 모든 금속과 직접 결합하여 황화물을 만드는 성질을 가졌다. 불을 붙이면 보랏빛의 신비스러운 불꽃을 내면서 타는데, 이때 자극적인 냄새를 풍기는 이산화황(아황산가스)이 생긴다. 이 가스는 물기가 있으면 색깔까지 없앨 수 있는 표백작용을 한다.

수은은 점점 더 신비롭게 느껴지는데, 보통 실온에서 액체 상태인 금속은 오직 이 수은 하나뿐이다. 마루에 떨어지면 표면장력으로 둥근 모양으로 구른다. 이 수은은 금과 은뿐만 아니라 많은 금속을 녹일 수 있는데, 수은이 다른 금속을 녹여 생긴 합금을 아말감(amalgam)이라 한다. 또한 수은을 공기 속에서 가열하면 붉은빛의 산화제2수은이 되는데, 이 붉은 산화제2수은을 더욱더 가열하면 분해되어 수은이 증기로 날아가고, 이 증기를 모아 식히면 다시 액체 상태의 수은이 된다.

이런 성질을 생각해 보면 신비한 신앙에 사로잡혀 있었던 연금술 학자들이 황과 수은에 큰 매력을 느낀 것은 당연한 일이다.

각 금속이 황과 수은으로 되었다면 금을 만들기 위해서는 금이 될 수 있을 정도(비율)로 수은과 황을 섞어주면 된다. 그러나 그것은 보통 사람의 힘으로 할 수 없고 어떤 다른 힘을 빌려야 한다고 생각했다. 여기서 아랍인들은 '알릭시르(al-iksir)'라는 기묘한 것을 생각했다. 알릭시

2-10 | 철학자의 돌을 찾는 연금술사

르는 황과 수은의 배합 비율을 잘 되게 하는 물질이다. 그 후 유럽인은 이것을 '엘릭시르(elixir)', '철학자의 돌(philosopher's stone)' 또는 '현자(賢者)의 돌(Wiseman's stone)'이라 불렀다.

고대부터 이러한 변성 촉진물질은 건조한 가루라고 했다. 그래서 그리스인은 건조한 것이라는 말에서 'xerion'이라고도 했으며, 유럽의 연금술사들은 이것을 '마기스테리움(magisterium, 학교 또는 교사라는 뜻)', '팅튜라(tinctura, 염색이라는 뜻)', '유니버설(universal, 금이나 은으로 변환시키는 약)', '페르멘툼(fermentum, 금속의 전환 물질)' 등으로 불렀다. 이렇게 여러 이름으로 불리는 '철학자의 돌'은 아직 아무도 발견하지 못했지만, 후세 사람들이 호의적으로 생각하면 오늘날의 '촉매(觸媒; catalyst)' 같은 것으로 볼 수도 있다.

연금술 학자들이 금을 만들 수 있다고 주장했으나 실제로 금을 만든 사람은 한 명도 없었고, 르네상스(Renaissance)시대가 시작되면서 서서히 자취를 감추었다.

알베르투스 마그누스

알베르투스 마그누스(Albertus Magnus, 1200?~1280년)는 13세기의 독일 사람으로 본명은 알베르트 폰 볼슈테트(Albert von Bollastädt)인데 마그누스는 그를 존대하여 부르는 것이다. 도미니카(Dominica)교단의

한 사람으로 신학, 철학, 천문, 지리, 동물, 식물학 등을 연구했고 대표적인 연금술사로서 『데 알키미아(De Alchymia)』라는 저서도 있다. 그는 아리스토텔레스의 4원소 전환가설을 약간 수정하고 아랍인의 생각을 도입했다. 예를 들어 금속은 수은과 황에서 만들어지며 수은은 흙과 물로, 황은 공기와 불로 이루어져 있다고 생각한 대표 연금술 학자였다.

2-11 | 마그누스

또한 그의 저서에서 수욕(水浴), 레톨트(retort), 가성알칼리, 백반, 화학 친화력(親和力)과 같은 사상으로 설명한 것은 퍽 흥미롭다.

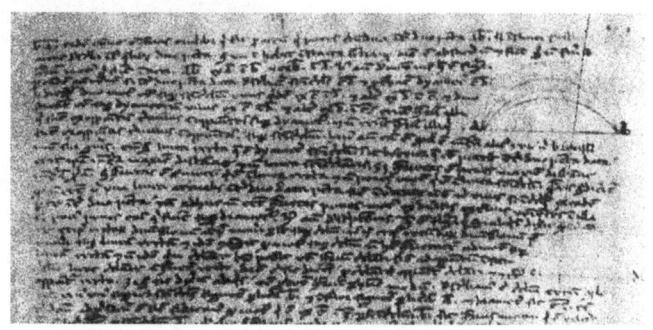

2-12 | 마그누스의 자필

진정한 연금술사는 바로, 자연(nature)이라고 역설했다. 또한 금속 중에는 은이 가장 쉽게 금으로 변할 수 있다고 했다.

로저 베이컨

영국의 로저 베이컨(Roger Bacon, 1214~1294년)도 유명한 연금술 학자이다. 그는 철학자이자 신학자였는데 아랍 학문에 흥미를 느끼고 화약 등을 실험했다.

실험을 존중하고 측정한 값은 수학적으로 다루어야 한다고 주장함으로써 실증적 과학의 기초를 세웠다. 금속 전환의 가능성도 믿었다. 그는 지식을 얻는 데는 논증(論證)과 경험의 두 길이 있다고 역설하고 올바른 경험, 즉 실험과 관찰의 뜻을 인정했다.

2-13 | 베이컨

"실험 없이는 아무것도 완전히 알 수 없다"고 주장한 것은 그 당시 이미 유물론적인 태도로 자연을 연구한 올바른 사상이었다고 할 수 있다.

라이문두스 룰루스

라이문두스 룰루스(Raymundus Lullus, 1235~1315년)의 원명은 Ramon Llull인데 라틴 이름으로 라이문두스 룰루스라 한다. 그는 중세기풍의 신비주의자로 마지막 전통적인 연금술사였다.

의학, 약학, 신학 등을 열심히 연구하고 연금술에 대해서는 특히 수은의 구실을 과대평가했다. 그는 수은이야말로 천체나 태양, 별들과 지상의 원소 등의 기본 물질이라고 했다.

2-14 | 룰루스

천체는 이 수은으로 이루어져 있고 천체에 따라 지배되는 이 지상에는 제5원소만이 천체와 동등한 수은으로 되어 있다는 것이었다. 그러므로 이 제5원소를 꺼내 잘 이용하면 지상에서도 천계와 똑같은 굉장한 세상을 이룰 수 있다고 했다.

또한 제5원소는 지상의 물질을 증류하여 얻을 수 있는 정(精, spirit)에서부터 만들어 낼 수 있다고 주장했다.

프랜시스 베이컨

연금술 시대는 해결하기 어려운 문제를 남긴 채 유럽의 르네상스가 시작되면서 언제 끝났는지도 모르게 사라져 버렸는데, 프랜시스 베이컨(Francis Bacon, 1561~1626년)은 연금술적 연구를 다음과 같이 평가했다.

"연금술사들은 포도밭에 유산(遺産)인 황금을 묻어 두었는데, 그 장소를 모른다는 유언을 남긴 어느 노인의 이야기와 비슷하다. 그 노인의 자식들이 황금을 찾으려고 날마다 밭을 파헤쳤으나 끝내 황금을 찾지 못하고, 그 대신 그해 가을에는 포도가 주렁주렁 굉장히 많이 열리게 되었다."

황금을 찾기 위해 노력하던 연금술사들이 파헤쳐 놓은 땅에 꽃이 피고 열매가 맺었는데, 이것이 바로 화학이라는 학문이었다.

대체로 연금술은 그 기묘한 방법, 비밀스러운 이론, 야심적인 목표 등으로 실증적 지식에 큰 장해가 되는 일을 했다고 볼 수 있다. 이 같은 신비학자들의 망상이 특히 16~17세기에서 올바른 화학 발전을 방해했다. 그러나 실제로는 그들의 실험 기술과 실험 장치는 오늘날까지 그대로 답습되어 온 것들이 많아 실험 화학에 끼친 공은 대단히 크다.

사실상 중세의 많은 대학들이 실험을 경시하고 자기 손을 더럽히지 않으려는 풍조에 비해, 연금술사들은 스스로 자기 손을 더럽히고 직접 증류장치 화덕(爐), 여과장치 등을 고안하여 작업을 했다. 이 '철학자의 돌'을 찾으려는 과정에서 그들은 황산, 왕수, 인, 질산 등 중요한 물질을 발견했다. 그들의 장치와 실험법은 오늘날에도 각 실험실에서 사용되고 있다.

결국 현대과학은 연금술사들에게 큰 은덕을 입었다. 비록 그들의 이론이 옳지 않았지만 그 이론을 정당화하기 위한 실험 방법이 현대 실험화학의 기초가 되었다.

이렇게 중세의 암흑시대를 거쳐 '르네상스 시대'로 옮겨 오면서 화학의 서막이 열리고 마침내 순수화학의 독립이 이루어지게 되었다.

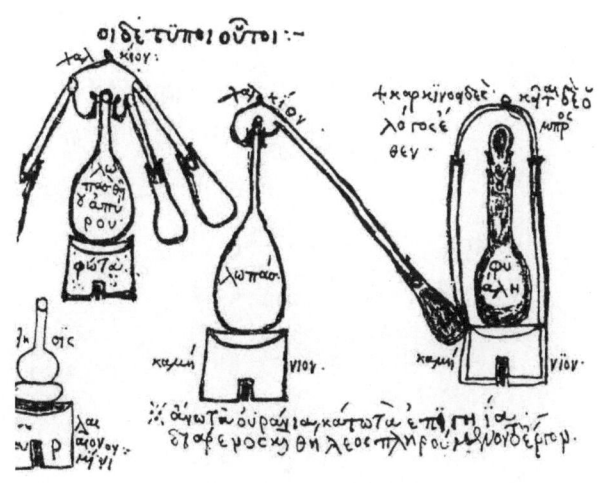

2-13 | 연금술사들의 실험 장치

3

르네상스 시대의 화학자들

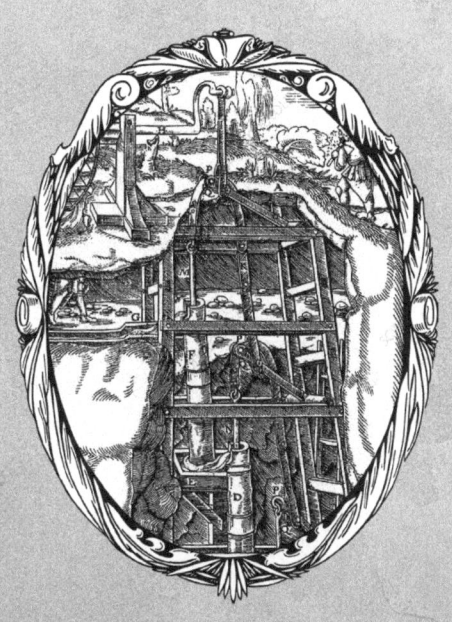

이아트로 화학

봉건적 도덕인 신의 절대권에 반항하여 인간성의 존엄을 주장하는 휴머니즘(humanism) 사상이 신흥 상층계급의 사상적 무기로 등장하고, 자유를 구하는 새로운 사상 등으로 16세기에 이른바 르네상스의 꽃이 피게 되었고, 각 분야에서 새로운 발견과 새 지식이 나타났다.

이 기간에 차츰 연금술 시대의 잘못도 개정되었다. 연금술의 방향이 차츰 변형되어 금을 만들어 내는 목적이 차츰 인간의 병을 고치고 불로불사약(不老不死藥)을 추구하는 방향으로 전향되기 시작했다. 화학의 진정한 목적은 금을 만드는 것이 아닌 의약을 만드는 것이라는 사상이 퍼지면서, 의학과 연금술을 하나로 합쳐서 '이아트로 화학(iatrochemistry, 16세기 초~17세기)', 즉 의화학(医化學) 시대가 시작되었다.

이 사상을 처음으로 제창한 사람은 스위스 출생의 의화학자인 파라셀수스였다.

파라셀수스

파라셀수스(Aureolus Philippus Paracelsus)는 1493년 12월 17일 스위스에서 태어나, 1541년 9월 24일 오스트리아의 잘츠부르크(Salzburg)에서 사망했다.

그의 본명은 테오파라투스 봄바스투스 폰 호엔하임(Theophrastus Bombastus von Hohenheim)인데 허영심이 강한 인물이었다. 그는 라틴어로 번역된 저서로 큰 감명을 준 로마의 의사 켈수스(Celsus)보다 자신이 더 훌륭하다는 뜻에서 스스로 파라셀수스라고 자칭했다. 16세 때 스위스의 바젤(Basel) 대학에서 공부하고 아랍의 연금술 학자에게 화학 실험의 조작법과 연금술의 원리를 배웠다. 이후 의료지식을 익혀 외과의사가 되기도 했다.

• **의학의 루터**

파라셀수스는 원래 귀족 출신이었으나 당시 마틴 루터(Martin Luther, 1483~1546년)에 공명한 종교 개혁기의 전형적인 인물이었다. 의학의 개혁을 꿈꾸면서 유럽 각지를 방랑하며 돌아다녔기 때문에 그를 '의학의 루터'라고 불렀다.

3-1 | 파라셀수스

관찰과 경험을 소중히 하고, 책이 아니라 오히려 자연 속에 참 의학이 있다고 주장한 그는, 1527년에는 많은 대중 앞에서 당시 유명한 그리스의 의학자 갈레누스(Galenus, 129년경~199년)의 해부학서, 생리학서 등과 아랍 의사 이븐 시나(Ibn Sina, 라틴어로는 아비센나Avicenna, 980~1037년)의 의학서를 불태우면서 고대 의학을 배격했다. 또한 루터가 독일어의 성서를 만든 것처럼, 파라셀수스도 라틴어 대신 독일어로 강의하여 대학에서 추방당하기도 했다. 그 당시 그는 확실히 의학의 반역자였다.

"의학의 입구에는 두 길이 있다. 하나는 책이고 또 하나는 자연인데 올바른 입구는 자연의 빛이다", "세상에는 완전한 것이 없다. 그러므로 사람들은 이것을 완전하게 해야 한다. 이 완전에 대한 기술이 연금술, 즉 화학이다", "화학의 목적은 금이나 은을 만드는 것이 아니고 의약의 효력을 연구하여 새로운 의약을 만드는 것이다" 등은 '의학의 루터'인 파라셀수스의 말이다.

1528년 그는 처음으로 'Alchemy'라는 말 대신 독일어로 'Chemie(화학)'라는 용어를 사용했다.

- **의화학의 시조**

이렇게 보면 연금술과 화학과 의약 등이 혼란스럽게 뒤섞인 듯하지만, 이것이 그 당시의 특징이었다.

고대의 4원소설을 아랍의 연금술 학자들이 약간 수정하여 3원소(황,

수은, 소금)로 만든 것은 앞에서 설명했지만, 파라셀수스는 이것을 의학에 연결시켰다. 아랍을 거쳐 유럽으로 들어온 연금술은 파라셀수스의 등장으로 차츰 의화학적 색채가 짙어지면서 이른바 의화학(醫化學) 시대가 찾아왔다.

그는 화학(연금술)의 진정한 목적은 금이나 은을 얻는 것이 아니라 병을 고치는 의약을 만드는 데 있다고 주장했다. 식물에서 취한 의약품뿐만 아니라 광물도 의약품이 될 수 있다고 믿었다. 또한 수은, 납, 구리 등의 독성 작용에 대해서도 풍부한 지식이 있었으므로 독물학(毒物學)의 아버지라고 불리었다. 또한 황과 알코올, 수은 등을 치료약제로 사용하기도 했다. 파라셀수스는 실험법에도 능통했고 물질의 식별, 분리, 정제의 필요성도 강조했다.

- **파라셀수스의 3원소설**

파라셀수스는 3원질(황, 수은, 소금)의 개념을 일반화시키고 평생 4원소설을 믿었다. 이 3원질(tria prima)은 아랍권의 연금술에서 유래되었는데, 이는 불에 의해 황은 연소, 수은은 유동성과 휘발성, 소금은 불활성(不活性)의 성질을 나타내는 데서 비롯되었다. 여기에는 하나의 철학적 의미도 있었는데 신체에서도 이런 3원질의 부조화로 병이 생긴다고 했다.

수은이 많으면 마비가 되며 우울증에 걸리고, 황이 많으면 증발 증상이 나타나며, 소금이 많으면 부종과 설사를 일으킨다. 화학약품으로

3-2 | 파라셀수스의 처방지

이것들의 균형을 다시 맞추면 병을 고칠 수 있다. 이렇게 파라셀수스는 중금속염을 약제로 사용했는데 특히 수은 화합물을 의약품으로 사용하여 자신의 독특한 처방으로 당시 이탈리아 지방에 유행했던 매독을 치료하는 등의 공을 세웠다. 이로 인해 그는 이아트로 화학(의화학)의 시조로 불리게 되었다.

그는 또한 통풍(痛風, gout)과 같은 병이나 신장과 담낭 결석(結石)의 원인도 '체액(体液)'에 있다고 믿었다. 그리고 몸은 하나의 화학계(界)이며 그 기능을 생명의 영혼이 지배한다고 했다. 음식물에는 해로운 것과 건전한 것이 있는데, 그는 건전한 것에서 해로운 것을 분리시키

3-3 | 불로장수약을 만드는 16세기의 화학자

는 '아르케우스(archaeus)'의 감시하에서 음식물이 소화된다고 생각했다. '아르케우스'가 병에 걸리면 해로운 것을 분리, 제거할 수 없으므로 병이 된다고 했다.

이에 따라 파라셀수스 시대에 연금술은 완전히 불로장수(不老長壽)를 목표로 하는 의학으로 발전되어 갔다.

판 헬몬트

판 헬몬트(Jan Baptista van Helmont)는 1577년 브뤼셀(Brussels)에서 태어나 1644년 12월 30일에 세상을 떠났다. 파라셀수스의 제자였던 그는 실험 화학자이자 훌륭한 연구가이며 기체 화학의 아버지라 불린다.

3-4 | 판 헬몬트와 그의 아들 머크로이우스(Mercroius)

그는 파라셀수스의 제자였으나 고대의 원소와 파라셀수스의 3원질을 부정하고, 단지 공기와 물만이 물질의 기본 원소라고 주장했다. 그런데 공기는 화학변화를 일으키지 못하므로 결국 물이 만물의 근원이 될 수밖에 없다고 보았다. 그는 이러한 주장을 실제로 실험으로 증명했다.

3. 르네상스 시대의 화학자들

• **버드나무 실험**

헬몬트는 200파운드의 흙을 잘 말린 다음 화분에 넣고, 5파운드의 버드나무를 여기에 심고 물로만 길러 보았다. 5년 후에 버드나무의 무게가 164파운드나 더 무거워졌으나 흙의 무게에는 아무런 변화가 없었음을 실험을 통해 알아냈다. 결국 만물은 물로 되어 있다는 고대 그리스 철학자 탈레스 생각을 실험적으로 증명한 셈이다.

• **실험과학자로서의 헬몬트**

헬몬트는 이렇게 잘못된 사상을 가지고 있었지만 스스로 올바른 실험을 통해 자연현상을 올바르게 해석한 것도 많았다.

예를 들어 그는 담반(황산구리, $CuSO_4 \cdot 5H_2O$) 용액을 쇠막대기로 휘저어 줄 때 쇠막대기에 구리가 석출(析出)되는 실험을 했는데, 이 현상에 대해 그는 철이 구리로 변한 것이 아니라고 지적했다. 처음부터 담반에 구리가 포함되어 있었는데 이것이 쇠로 말미암아 침전된 것이라고 올바르게 해석했다.

헬몬트는 당시의 지배적인 설과는 상당히 거리가 먼 새로운 사상을 발표하여 화학 발전에 큰 영향을 주었다. 그러나 자신은 아직도 구태의연한 방법으로 가고 있었다. 이와 같은 모순된 태도는 과학의 선구자들에게서 가끔 나타나는 일이다. 전통과 시대의 영향은 극히 강해서 가장 창의적인 정신도 그 혁신적 사상의 실행을 무의식중에 주저하게 하는 일이 많았다.

- **기체 화학의 아버지**

대리석($CaCO_3$)에 산을 가할 때 생기는 기체 CO_2는 나무나 숯이 탈 때, 또 알코올 발효 때 생기는 기체와 같은데 보통 우리가 호흡하는 공기와는 다르다고 헬몬트가 처음으로 생각했다. 그는 나무를 태울 때 생기는 공기 CO_2는 보통 공기와 다른 '나무 가스(gassylverstre)'라고 지적했다. 이처럼 기체를 처음으로 연구한 사람이 헬몬트였다.

공기와 다른 기체를 공기와 구별하기 위해 그는 처음으로 '가스'라는 말을 사용했다. 이는 그리스어의 혼돈을 뜻하는 카오스(chaos)라는 말에서 따온 것이다.

62파운드의 나무를 태워 1파운드의 재가 생겼을 때 61파운드의 '나무 가스'가 된 것이라고 설명한 것은 아주 훌륭한 생각이 아닐 수 없다.

그는 또한 이 '나무 가스'가 포도즙이나 곡물즙이 발효할 때, 조개껍데기에 식초를 가할 때, 또 어떤 종류의 동굴에서 어떤 반응으로 각각 생기는 기체와 같은 것이라는 사실도 알아냈다. 그의 연구는 정량적(定量的)이었다는 데에 큰 의의가 있었다.

그는 '불타는 가스'에 대해서도 알고 있었다. 철이나 아연에 산을 가할 때 생기는 기체(수소 H_2)와 늪 같은 곳을 휘저어 줄 때 생기는 기체(메탄 CH_4) 등은 '타는 가스'로 헬몬트는 알고 있었다. 이와 같은 가스 연구는 18세기의 기체 화학으로 발전해 나갔으며 헬몬트의 '나무 가스'는 1세기 후에 블랙이 다시 연구해 '고정 공기(CO_2)'로 명명되었다.

헬몬트의 '타는 가스' 중에서 수소는 영국의 캐번디시에 의해 그 성질이 연구되어 '가연성 공기'라고 불렸고, 메탄은 이탈리아의 전지 발명가인 볼타에 의해 '늪 공기'라 명명되기도 했다.

헬몬트도 많은 현상을 같은 시대의 사람들과 똑같이 고찰한 것은 퍽 애석한 일이었다. 헬몬트가 식물의 탄소가 공기 중의 탄산가스로부터 나왔다는 사실만이라도 연구했다면 얼마나 위대한 발견을 했을지 말이다.

그는 1599년 루벤(Louvain) 대학에서 의학박사 학위를 받았지만 평생 연금술사의 '철학자의 돌'을 믿었다.

게오르기우스 아그리콜라

3-5 | 아그리콜라

아그리콜라(Georgius Agricola)는 독일의 야금학자인데 1490년 3월 24일 독일의 글라우하우에서 태어나 1555년 11월 21일 카를슈타트(Karlstadt)에서 생을 마감했다.

본명은 게오르크 바워(Georg Bauer)인데 당시의 유

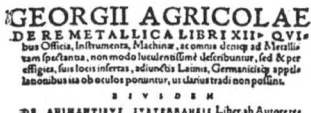

3-6 | 『광산서』의 표지   3-7 | 『광산서』 속 황철석 증류장치

행에 따라 라틴어로 '아그리콜라'라 했다. '바워'는 독일어로 '농부'를 뜻한다.

그는 1518년 라이프치히(Leipzig) 대학을 졸업하고 다시 이탈리아에서 의학을 공부한 의사인데, 의학과 관계있는 광물을 연구하여 실제로 의약과 광물을 결부시켰다. 실제로 의사와 광물학자를 겸하는 것은 당시 화학의 발달상 특이한 구실을 했다.

그는 금속 기술 방면에서 착실하게 실험했던 사람이었다. 지질학과 야금학에 관한 굉장한 저서를 남겼다. 특히 대표작인 『광산서(鑛山書), De Re Metallica』의 12권에 이르는 책은 그가 죽은 후 1556년에 출판

되었다. 그가 20년이나 걸려 저술한 이 방대한 『광산서』는 정밀한 목판 그림이 약 300개나 된다고 하는데 16세기의 광산 야금 기술을 다룬 최고의 저서로 평가된다.

글라우버

3-8 | 글라우버

독일의 화학자 글라우버(Johann Rudolf Glauber)는 1603년 독일의 카를슈타트(Karlstadt)에서 태어나 1668년 네덜란드의 암스테르담(Amsterdam)에서 생을 마감했다.

실험화학자로서 유명한 그는 17세기의 파라셀수스라고 불릴 정도의 인물이었다.

그 당시 독일은 1625년에 시작된 구교도와 신교도 간의 종교 내전 때문에 완전히 폐허가 되었다. 프랑스 예수교회의 후원을 받은 구교도는 신교도들을 가차 없이 소탕했으므로 신교도들은 모두 집을 잃고 산으로 도망갈 수밖에 없었다.

• 약사가 된 글라우버

 신교를 믿었던 글라우버도 할 수 없이 산속으로 도망칠 수밖에 없었는데 이 깊은 숲속에서 그 당시 유행했던 티푸스와 비슷한 '헝가리병'에 걸려 쓰러졌다. 바로 이때 그는 어떤 한 도사(道士)를 만났다. 이 도사는 글라우버를 가엾게 여겨 숲속의 작은 우물에서 약수를 떠서 마시게 했다. 글라우버는 이때부터 차츰 병에서 회복되었다. 나중에도 그는 이 신비로운 약수를 잊지 못했다.

 그 후 숲을 빠져나와 마침내 노이슈타트에 도착한 글라우버는 그곳 약사인 아이스나 씨와 친해졌다. 그는 아이스나의 약국에서 조수로 일하면서 열심히 공부했다. 지식을 넓히고 경험을 쌓으면서도 머릿속에는 자신의 병을 고쳐 준 숲속 약수 생각뿐이었다. 결국 글라우버는 그 약수의 성분을 연구하기 시작했다. 열심히 연구한 끝에 그는 이 약수의 성분이 의약으로서 훌륭한 효능이 있음을 밝혀내고, 이를 '살 미라빌레(sal mirabile, 이상스러운 염)'라 명명했다. 그는 자신이 앓았던 티푸스병도 이 물질 덕분에 나았다고 생각했다.

 1년 후 글라우버는 빈(Wien)으로 가서 약국에서 3년 동안 기술을 연마하여 마침내 '약사'의 칭호를 받게 되었다.

 1644년 글라우버는 독일의 기센(Giessen)약국에 관리인으로 초빙되었다. 그 당시 그는 이미 훌륭한 약사로 이름이 나 있었다. 이 기센약국은 놀랄 만큼 규모가 컸는데, 이곳에서 그는 실험실을 하나 만들고 황산을 만드는 일에 열중했다.

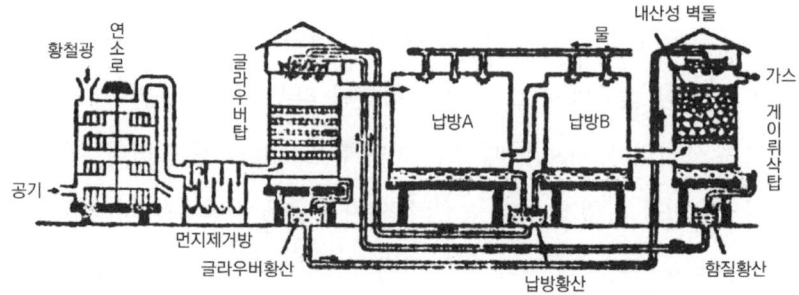

3-9 | 납방법의 황산 제조법

• **황산 제조**

글라우버는 기센약국의 실험실에 벽돌로 화덕을 만들고 그 위에 큰 유리그릇의 레톨트를 놓았다. 이 레톨트는 밑으로 길게 구부러진 도관(道管)을 부착시킨 마치 담배 파이프와 비슷한 형태의 장치였다. 그는 이 레톨트에 엷은 녹색의 결정인 녹색 비트리올(綠石, $FeSO_4·7H_2O$)을 넣고 높은 온도로 가열해 보았다.

처음에는 이 결정이 녹은 다음 차츰차츰 전체가 백색으로 변하더니 도관에서 기름 같은 액체가 흘러내리는 것을 발견했다. 글라우버는 이 액체를 '애시둠 올레움 비트리올'이라 명명했는데 이것이 바로 우리가 잘 아는 진한 황산이었다.

글라우버는 자기가 얻은 이 산성이 강한 액체가 구리나 구리 광석도 잘 녹일 수 있다는 것을 알았다. 그는 이 진한 황산액에 구리나 구리 광석을 넣고 가열했을 때 푸른 용액이 얻어지고, 이것을 하룻밤 동안 둘 때 아름다운 결정이 생기는 것을 발견하고 이 결정을 '푸른 비트리올(靑石, $CuSO_4 \cdot 5H_2O$)'이라 명명했다. 또한 강한 황산액에 아연재(亞鉛灰, ZnO)를 녹여 '흰 비트리올($ZnSO_4 \cdot 7H_2O$)'을 만들었는데 글라우버의 조교들은 이 '흰 비트리올'로 다양한 약과 고약을 만들기도 했다.

이렇게 글라우버는 황산을 처음으로 제조하는 데 성공했는데 오늘날에도 납방법 황산 제조에는 글라우버가 고안한 글라우버탑을 사용하고 있다.

• **질산과 염산**

그러나 구교도들은 끈질기게 신교도들을 공격했고 드디어 신교도들의 거점인 기센을 급습하게 되자, 글라우버는 이 전쟁을 피해 네덜란드 암스테르담으로 피신했다. 그는 그곳에서도 실험실을 만들고 갖가지 산과 염을 만드는 방법을 알아낸 뒤 비밀로 간직했다. 그는 여기서 푸른 비트리올($FeSO_4 \cdot 7H_2O$) 또는 흰 비트리올($ZnSO_4 \cdot 7H_2O$) 등을 증류하여 황산을 만들었고 레톨트 안에 금속재(산화물)가 남는 것도 보았다. 게다가 황산으로 다른 산을 만들 수 있다는 것도 알아냈다. 그는 레톨트에 초석(硝石, KNO_3)을 넣고 황산과 함께 가열하여 적갈색의 증기와 더불어 생기는 엷고 누른 색깔의 산성액을 얻었다. 그는 이것을 '스피리투스 니트리(질산)'라 명명했다. 이것이 질산의 제조법이었는데 글라우버는 이 방법을 비밀로 했다.

3-10 | 글라우버의 증류 레톨트

다음에 글라우버는 레톨트에 소금과 황산을 넣고 가열하여 숨이 막힐 정도의 무색 기체를 얻었고, 이를 물에 녹여 산성액을 만들었다. 그는 이것을 '스피리투스 살리스(염산)'라 명명했다. 특히 발연(發煙) 염산은 오늘날에도 'acidum salis fumaus glauberi'라고 한다. 이때 레톨트에 남아 있는 물질로부터 무색의 결정을 얻어 이것을 '글라우버염'이라 불렀다. 이것이 오늘날의 황산나트륨($Na_2SO_4 \cdot 10H_2O$)이다.

또한 글라우버는 소금과 모래의 혼합물에 질산을 가하고 가열하여 연금술 학자들이 '아쿠아 레기아(王水)'라 불렀던 액체도 얻었다.

이처럼 글라우버는 황산, 질산, 염산, 왕수 등을 만드는 데 처음으로 성공했는데 이 모든 방법을 자신의 최초의 저서인 『신 철학로(新 哲學爐)』 또는 『처음으로 발견된 증류법의 해설』에 자세히 설명했다.

• **독일로 귀환**

독일의 30년 전쟁이 끝나자 글라우버는 독일로 다시 돌아와 발트하임에 실험실을 만들고, 여기서 석탄을 건류하여 오늘날 '페놀(phenol)'이라 불리는 물질을 포함한 액체를 얻었다. 글라우버는 다시 포도를 발효시킨 뒤 발효 잔유물을 레톨트에서 증류하여 향내가 나는 무색 액체를 얻어 이것을 '스피리투스 비니'라고 명명했는데 이것이 오늘날의 알코올이었다.

또 한때 알코올 증류 때 레톨트가 너무 과열되어 레톨트 안의 액체가 모두 증발하고, 관에서 짙은 연기가 나며 받는 그릇(覓器)에서 초냄새가 나는 액체가 생겼다. 그는 이것을 조사하여 초와 같은 성분이 있음을 확인하고 이것을 '초산'이라 명명했는데 이것은 목재를 건류할 때도 생겼다.

• **다시 암스테르담으로**

포도주와 초의 제조법에 성공한 글라우버는 그 마을의 포도주 양조자들로부터 갖가지 중상모략을 받은 후 마침내 1655년, 다시 네덜란드의 암스테르담으로 망명했다. 그는 여기서 다시 실험실을 만들고 석회와 오줌(尿)을 함께 가열하여 가스를 얻어 '암모니아'라고 불렀다. 이 가스를 황산과 작용시켜 무색의 황산암모늄(硫安)을 만들고, 이를 자기 정원의 식물에 비료로 사용하여 좋은 성과를 얻었다.

글라우버는 뜰에 약초를 심었다. 그리고 그 잎, 줄기, 열매, 뿌리 등에서 독물(毒物)을 추출했다. 그는 이 독물이 갖가지 약효가 있는 것도 알아냈다. 그는 잘게 썬 식물에 자신이 만든 질산을 가하고 며칠 후 그 액을 여과한 다음 여기에 탄산칼슘을 넣자 그릇 밑에 침전물이 생기는 것을 보았다. 그는 이것을 '개량한 분말 모양의 식물 또는 동물의 근원'이라 했는데, 오늘날 이것을 '알칼로이드(alkaloid)'라 한다. 오늘날에도 스트리크닌(strychnine), 브루신(brucine), 모르핀(morphine) 등과 같은 알칼로이드는 글라우버가 그 당시에 실험했던 것과 똑같은 방법으로 추출하고 있다.

• 애국자

글라우버는 실험실의 설비와 기구 등도 크게 개량했는데 종래의 금속이나 도자기로 된 기구 대신 유리 기구를 사용했고, 특히 특수한 화덕(爐)을 연구하여 공업적 생산에 크게 공헌했다. 그는 이와 같은 모든

3-11 | 글라우버의 특수로

것을 황폐한 독일 경제의 부흥을 위해 이용하려 애썼으며, 1655년에서 1661년에 걸쳐 『독일의 복리(Deutschlands Wohlfahrt)』라는 책을 발간했다. 독일의 자원을 바탕으로 화학공업을 발전시켜 경제 발전을 이룩하여 다른 나라에 예속되지 않고 독립할 수 있는 방안도 역설했다.

"독일은 하나님에게 갖가지 광산을 선물받았다. 단지 이것을 처리할 수 있는 경험자가 없을 뿐이다. 왜 우리는 우리들의 구리 광석을 프랑스나 스페인으로 보낸 다음, 거기서 만든 금속을 비싸게 사 와야 하는가? 투명한 유리를 만드는 데 쓰이는 독일의 목재, 모래, 석회가 프랑스나 스위스 것보다 그렇게 질이 나쁘다는 말인가?"라고 역설한 글라우버는 르네상스 시대의 뛰어난 화학 기술자인 동시에 나라를 사랑 하는 훌륭한 애국자였다.

• **노년기**

1660년이 되면서 글라우버의 건강은 차츰 쇠약해졌다. 처음에는 다리가 마비되기 시작했고 점점 여위고 얼굴이 누렇게 되면서 그는 모든 실험을 중단했다. 조교들을 모두 해고하고 오직 하인츠 한 사람만을 남기고 이 조교에게 모든 비밀을 전수하려 했으나, 결국 이 청년마저도 선생을 버리고 떠났다.

글라우버는 완전히 아무도 없는 고독 속에서 파란만장한 일생을 마쳤다. 1668년 3월 10일, 암스테르담 근처에 있는 베스테르케르크 묘지에 안장되었다.

글라우버 같은 진실한 애국자도 남의 나라인 암스테르담에서 죽어 갔고 거기에 묻혀야 했던 애처롭고도 가련한 화학자를 우리는 화학의 역사에서 가끔 만나볼 수 있다.

4

로버트 보일

Robert Boyle
1627~1691년

보일은 영국 아일랜드(Ireland)의 남서부 먼스터주 리즈모어성(城, Lismore Castle)에서 코크백작(Great Earl of Cork)인 리처드 보일(Richard Boyle)의 아들로 1627년 1월 25일에 태어나 1691년 12월 30일 런던(London)에서 세상을 떠났다.

보일 시대의 시대적 배경

보일이 살았던 시기는 영국 역사상 일찍이 볼 수 없었던 내란과 혁명의 도가니 속에서 혼란을 거듭하던 17세기의 영국이었다. 영국에서 부르주아(bourgeois)혁명의 시대였으며 근대적인 자연과학이 처음 생긴 시대였고, 근대적인 학회 또는 아카데미(academy)가 처음으로 만들어진 시대이기도 했다. 강탈적인 해외무역, 특히 인도와 새로운 세계인 미국과의 식민지무역으로 부르주아계급은 큰돈을 벌게 되었다. 봉건제도하에서는 권리가 없었던 부르주아계급도 경제적 지위가 향상되자 정치적 발언권을 요구하게 되었다. 절대주의적인 왕권(王權) 아래 국왕을 중심으로 집결한 귀족계급과, 의회의 하원(下院)에 집결한 부르주아계급 사이에 투쟁이 시작되었다.

이 투쟁은 경제적 이해와 종교적 신앙의 차이에서 오는 싸움으로 전개되었다. 국왕파는 영국교회(公會)를 지지했고 의회파는 신교를 믿었다. 국왕의 징세안(徵稅案)에 대한 의회의 반항적 태도에 화가 난 당시 국왕인 찰스 1세(Charles I, 1630~1685년)는 마침내 1642년 의회에 대해 선전포고를 했다. 이로써 계급투쟁은 무기에 의한 전쟁, 즉 내란으로 발전하게 되었다.

처음에는 국왕파가 유리했으나 의회파는 크롬웰(Oliver Cromwell, 1599~1658년)을 군사령관으로 선출하고, 1646년에 국왕파의 본거지인 옥스퍼드(Oxford)를 점령했다. 도망가던 찰스 1세는 스코틀랜드인에게 잡혀 의회에 넘겨졌고, 1649년 1월 30일에 처형되었다. 그 결과, 크롬웰을 수반으로 하는 일종의 부르주아 독재정권이 수립되었다. 이는 1649년부터 1660년까지 계속된 공화국(Commonwealth)이었다. 1658년 크롬웰이 죽은 다음 드디어 1660년에 다시 왕정(王政)으로 복귀되었다. 부르주아계급은 왕권과 타협하여 찰스 2세의 왕위 복귀를 인정했는데, 1688년 입헌군주제(立憲君主制)에 따라 영국은 가까스로 안정 상태에 이르렀다.

보일의 생애

보일은 찰스 1세 치하였던 1627년 1월 25일 리즈모어성 안에서 태어났다. 보일의 아버지 리처드 보일은 토지를 많이 사서 돈을 벌었고, 철강업으로도 많은 돈을 벌어서 마침내 백작이라는 칭호를 얻었다. 보일은 백작의 14명의 남매 중 일곱째 아들로, 6명의 형과 7명의 누이가 있었다.

어머니는 보일이 네 살 때 세상을 떠났다. "내가 어머니의 모습을 잘 모르는 것은 내 생애 최대의 불행이다"라고 그는 훗날에 늘 이야기했다. 보일과 특히 관계가 깊었던 사람은, 다섯 번째 누이인 카사린과 바로 위의 형인 플랭크였다. 카사린은 열여섯 살에 결혼하여, 레이넬라 자작부인으로 통했다.

리즈모어에서 보일은 가정교사를 두고 라틴어, 프랑스어를 공부했다. 여덟 살 때 아버지의 친구인 워턴(Sir Henry Wotton)이 학장으로 있던 이튼(Eton) 학교에 입학했다. 다른 동무들과 잘 어울리지 않고, 혼자 조용히 책을 읽거나 산책하는 것이 어린 시절 그의 특징이었다고 한다.

보일은 열두 살 때 형 플랭크와 함께 대륙으로 유학을 떠났다. 보일의 형제는 주로 스위스 제네바(Geneva)에 체류하면서 공부했는데 때로는 로마(Roma) 등지로 여행하기도 했다. 그들은 1644년까지 유럽에서 공부하며 머물렀다.

이 무렵, 고향인 아일랜드에서는 큰 반란이 일어나 보일의 집이 파괴되고 가산이 모두 약탈당했으며, 보일의 아버지도 죽음을 당한 큰 사건이 일어났다. 보일은 1644년, 6년 만에 영국으로 돌아와 런던에서 누이 레이넬라 부인 집에 머물렀다. 그 후 곧 런던을 떠나 스탈브리지(Stalbridge)의 장원(莊園)에서 살면서 연구에 전념했는데, 이 장원은 아버지가 유산으로 남겨준 것이었다.

찰스 1세와의 전쟁이었던 시민전쟁이 끝나고 찰스 1세가 처형되었을 무렵, 과학 방면에 새로운 사상을 가진 런던의 청년 학자들 사이에서 하나의 새로운 과학회가 조직되었다.

• 보이지 않는 대학

1645년경에 보일을 중심으로 하나의 모임이 조직되었다. 이것이 '보이지 않는 대학(Invisible College)'이었다. 이 회원들은 서로 친목을 다지고, 강연을 하며 새로운 연구결과를 보고하는 등 일주일에 한 번씩 정기적으로 모임을 했다. 이 모임에서 보일은 중요한 멤버로 활약했다.

당시 자연과학은 「New Philosophy」, 「Experimental Philosophy」 또는 「Natural Philosophy」 등으로 불리는 신흥 학문이었다. 영국에서는 윌리엄 길버트(William Gilbert, 1544~1603년)의 자석(磁石)연구, 윌리엄 하비(William Harvey, 1578~1657년)의 혈액순환의 발견 등 선구적 연구가 이미 있었지만, 경험주의에 입각한 자연현상의 연구는 이제 막 새로 시작된 상태였다. 보이지 않는 대학의 회원 대부분은 아마추어 과학자들이었다. 그 당시 이 모임은 실로 보잘것없는 것이었으나 1660년에는 조직을 강화하여 정식 학회로 출발했다.

• 왕립협회

1662년, 찰스 2세의 허가를 받아 이 보이지 않는 대학은 '왕립협회(Royal Society)'로 바꾸었고, 회원은 'Fellows'라고 칭하며 초기 회원정원을 55명으로 정했다. 초대 회장은 로버트 모레이(Robert Moray, 1600~1673년, Murray라고도 함)였다. 찰스 2세는 왕립협회의 적극적인 후원자로 스스로 회원이 되어 예회에 출석했다. 이 협회의 다음 세대의 중심인물이 뉴턴이었다.

보일은 이 회의 지부가 옥스퍼드에 설치되자, 자기의 장원을 정리하고 옥스퍼드로 이사하여 1654년에서 1668년까지 그곳에서 독서와 실험에 전념했다. 그 후에는 런던으로 옮겨 와 누이인 레이넬라 부인 집에서 살았다. 1680년에는 왕립협회의 회장으로 선출되었으나 건강상의 이유로 사퇴하기도 했다.

• 성격

보일은 어릴 때부터 몸이 약해서 늘 병으로 고생했다. 어느 날 약사의 부주의로 약을 잘못 먹고 하마터면 죽을 뻔했다. 그 후부터 보일은 병보다 약사나 의사를 더 무서워했으며, 앞으로는 이런 사람들의 신세를 지지 않으려고 스스로 의사가 되기로 결심했다.

보일은 온후한 영국 신사형의 인물로 평생 결혼하지 않고 오로지 과학과 종교에 전 생애를 바쳤다. 그는 아주 경건한 신교 신자였는데 한 번은 산장에서 한여름을 지내고 있을 때 천둥과 번갯불과 함께 심한 폭풍우가 있었다. 그때 그는 최후의 심판이 바로 지금 내려지고 있다고 생각하고 그 자리에 꿇어앉아 과거의 모든 잘못과 죄악을 용서해 달라고 경건하게 기도를 올렸다고 한다. 이런 경건한 그의 성격은 다른 사람에 대해서나 심지어 자신이 공기 실험에서 사용한 쥐 같은 동물에게도 애정과 동정을 갖고 일생을 살아왔다. 그러므로 그의 주변에는 항상 따뜻한 봄바람이 감돌았다. 많은 과학자들이 모여 와서, 보일을 중심으로 함께 먹고 마시고, 함께 이야기를 주고받으며, 모두가 보일의 고귀한 성격과 그 인격 앞에 무릎을 꿇었다고 한다.

자연은 진공을 싫어하지 않는다

아리스토텔레스는 지구상의 물체는 모두 지구의 중심으로 향하며, 또한 '자연은 진공을 싫어함'으로, 진공을 만들지 않도록 물체를 밑으로 눌러 준다고 생각했다(→1장).

여기에 대해 갈릴레이는 공기는 거꾸로 물체의 낙하운동을 방해한다고 생각했다.

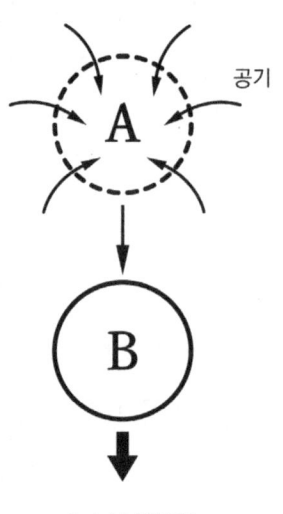

4-1 | 낙체운동

 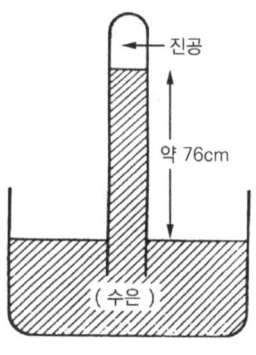

4-2 | 토리첼리와 그의 실험. 물 대신 수은을 사용해 혁명적인 실험에 성공

그러므로 갈릴레이는 진공 속에서 낙하운동 실험을 해 보려고 했으나 살아 있는 동안에는 인간이 진공을 만들지 못했다. 그의 제자인 토리첼리(Evangelista Torricelli, 1608~1647년)가 1643년 유명한 '토리첼리의 실험'으로 진공을 얻었을 때는 갈릴레이는 이미 세상을 떠나고 없었다.

이탈리아의 광산 채굴장에서 일어난 한 사건이 있었다. 17세기 초기의 정치·경제적 정세는 대포와 화폐가 가장 중요한 자재였으며, 금속의 수요도 급증했다. 이처럼 금속 수요가 갑작스럽게 늘어나면서 금속 광산에서는 더 깊은 곳으로 파 내려가야만 했는데 여기서 문제가 생겼다.

4. 로버트 보일

지금까지 지하수 배출작업에 사용되었던 펌프는 약 10미터 이상이 되면 갑자기 그 기능이 정지되었다. 이에 펌프 업자들은 울상을 짓고 갈릴레이에게 도움을 청했다. 그러나 "문제는 자연이 어느 정도로 진공을 싫어하느냐"에 있다는 것이 갈릴레이의 대답이었다.

이 문제의 해결을 숙제로 받은 그의 제자 토리첼리는 물 대신 수은으로 실험을 해 보았다. 물을 사용할 때는 10미터 정도 높이의 관이 필요했지만 물보다 13.6배나 무거운 수은을 쓰면 1미터 정도의 관으로도 충분했다. '물 대신 수은을 사용한다'는 단순한 아이디어가 큰 효과를 가져왔다.

화학 역사상 수은을 사용하여 성공한 예가 또 있다. 영국의 프리스틀리(→5장)는 물에 녹기 쉬운 기체를 수은 위에서 잡는 데 성공했고, 라부아지에(→6장)는 산화수은(HgO) 실험으로 산소를 얻었다. 보일도 수은으로 위대한 법칙을 발견했다.

이 '토리첼리의 실험'에서 약 76센티미터의 수은주 상부에 인류가 처음으로 진공을 얻은 것이 1643년이었다. 1648년에는 프랑스의 천재 과학자인 파스칼(Blaise Pascal, 1623~1662년)이 높은 산의 산기슭과 중턱, 꼭대기에서 수은주 실험을 하여, 산 위로 올라갈수록 진공 부분이 길어지고(수은주가 짧아짐), "산꼭대기로 올라갈수록 자연은 진공을 싫어하지 않는다"라고 비꼬아 말하기도 했다. 여기서 파스칼은 76센티미터의 높이를 유지하는 것은 공기(대기)의 압력 때문이라고 주장했다.

진공 펌프

1654년, 독일의 물리학자인 게리케(Otto von Guericke, 1602~1686년)는 새로 만든 진공 펌프로 지름 약 40센티미터의 반구(半球) 두 개를 합치고 그 속의 공기를 뽑은 다음, 이것을 다시 떼어내는 데 16마리의 말이 필요하다는 기상천외한 실험을 했다. 게리케는 당시 마그데부르크의 시장이었으므로 이 실험을 마그데부르크의 반구 실험이라고 했다. 이 실험에 몹시 심한 자극을 받은 사람이 바로 영국의 로버트 보일이었다.

4-3 | 마그데부르크의 반구 실험

보일의 법칙

1662년 보일의 저서 『공기의 탄성과 그 효과에 대한 물리 기계적 새 실험』의 제5장 '압축 및 팽창한 공기의 탄력 정도에 대한 2개의 새 실험'에 유명한 보일의 법칙이 발표되었다. 그는 공기를 압축시키는 힘으로 수은을 사용했다. 〈그림 4-4〉처럼, 한쪽 끝을 막은 U자 관의 다리

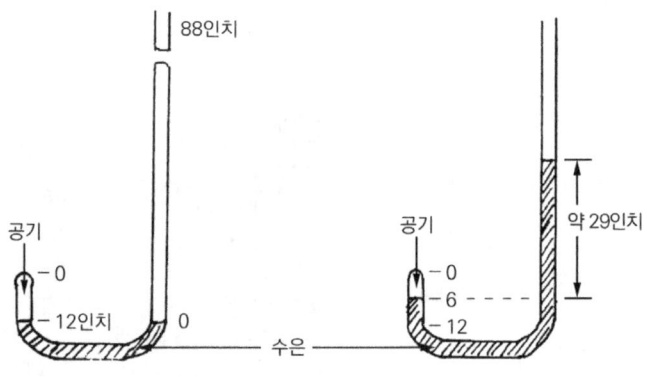

4-4 | 보일의 법칙. 압력이 2배가 되면 부피는 1부피로 감소한다.

가 긴 쪽에 수은을 넣었다.

 "수은은 그 무게로 다리가 짧은 쪽 속의 공기를 압축시킬 수 있
 다. 수은을 가해, 짧은 쪽 관에 들어 있는 공기가 처음 공간의 절반
 이 될 때까지 압축한다."

이렇게 하자 긴 쪽 관의 수은은 다른 쪽보다 약 29인치가 높았다(1인치=2.54센티미터). 즉, 짧은 쪽 관의 공기 부피가 12에서 6으로 절반이 될 때, 그때의 공기는 두 배의 압력을 받는 것을 볼 수 있다. 이것은 [수은주 약 29인치의 무게]+[대기의 압력 즉 수은주 약 29인치] 때문이다. 부피와 압력은 반비례한다. 보일은 다시 수은을 가하여 긴 쪽 관과 짧

은 쪽 관의 수은주의 차(差)가 88인치(무려 2.23미터)가 될 때까지 실험하여 이 법칙을 확인했다.

보일의 법칙의 참뜻은 불연속적인 입자들이 공허한 공간(진공) 속을 운동하기 때문에 이것을 압축하면 입자와 입자 사이의 간격이 좁아지는 것으로 해석된다는 데 있다. 이는 고대 데모크리토스의 원자설을 지지해 주며, 아리스토텔레스의 연속설을 부인하는 학설이기도 하다.

입자가설

보일은 자연계의 모든 물체를 구성하는 근원 물질은 단지 한 종류뿐이며, 이것을 보편물질(universal matter)이라고 했다. 자연계에 수많은 물체가 생기는 것은 단지 한 종류밖에 없는 보편물질만으로는 불충분하다. 그러므로 여기에 반드시 운동(motion)이 있어야만 한다. 보편물질은 자기의 운동에 따라 분할(分頼)되어 갖가지 형태와 크기의 미립자(微粒子)를 형성한다. 이 원시적 미립자는 다시 운동에 의해 몇 개가 모여 눈에 보이지 않는 입자(corpuscle)를 만든다. 이런 입자가 운동에 의해 많이 모여 덩어리를 만들면 눈에 보이는 물질이 된다. 나무, 흙, 철, 돌, 유리 등의 물질은 모두 이런 구조로 되어 있다.

예를 들어 산의 입자는 끝이 뾰족하므로, 금속의 입자와 입자 사이에 끼어들어 가 금속의 결합을 끊고, 금속의 입자가 한 개씩 풀어지는 현상, 즉 금속이 산에 녹는 현상이라 했다. 이와 같은 입자론은 많은 점에서 그리스인의 원자론에 영향을 받은 것 같으나, 보일 자신의 물질관으로서 독특한 면이 있으므로 이것을 보일의 입자가설(corpuscular philosophy)이라 한다.

이미 설명한 그의 물질세계의 사상을 종합하면 다음과 같이 5단계로 표시할 수 있다.

① 처음에 세계 전체에 퍼져 있는 물질이 있었다(universal matter).
② 이것이 분할되어 미세 입자가 된다(minute particles).
③ 미립자가 모여서 미립자 그룹을 만든다(minute clusters).
④ 미립자 그룹이 결합하여 작은 최초의 물질 덩어리가 된다(little primary concretons).
⑤ 이것이 혼합되어 물체가 된다(concretes).

보일은 금속의 회화(灰化) 과정에서 무게가 증가하는 현상에 대해서도 이 입자가설로 설명했다. 그는 꼭 막은 유리제 레톨트에서 금속 회화 실험을 하여 재의 무게가 증가하는 것을 보고, 그 이유를 불의 입자가 유리 벽을 통과하여 금속과 결합하기 때문이라고 설명했다. 그는 불을 유리 벽까지 통과할 수 있는 아주 작은 입자로 되어 있는 물질이라고 생각했다.

『회의적인 화학자』

이와 같은 보일의 입자가설에도 불구하고, 보일의 주변에는 아직도 아리스토텔레스파의 4원소설과 파라셀수스의 3원소설을 믿는 사람이 많았으므로, 보일이 원자·입자설적인 물질관으로 이 잘못된 원소관을 공격하여 그 사상을 파괴하려고 비장한 각오로 펴낸 것이 1661년의 보일의 유명한 저서 『회의적인 화학자』(The Sceptical Chemist)였다.

이 책은 고대·중세적인 물질관과 연금술사의 3원소에 관한 의문과 모순을 공격하기 위해 쓴 것인데, 특히 파라셀수스파의 3원소설의 모순을 철저히 공격했다.

예를 들면, 이 책에 인용된 파라셀수스파의 수은에 대한 정의를 보자. "수은은 산성의, 침투성의, 에테르성의 완전히 순수한 액체인데 여기서 모든 영양, 감각, 운동, 활력, 혈색과 빨리 노화(老化)하는 것도 막을 수 있다"고 했다.

한편 모든 맛은 소금에서 유래한다고 주장하는 파라셀수스파 사람들이 수은에 산성(신맛)이 있다고

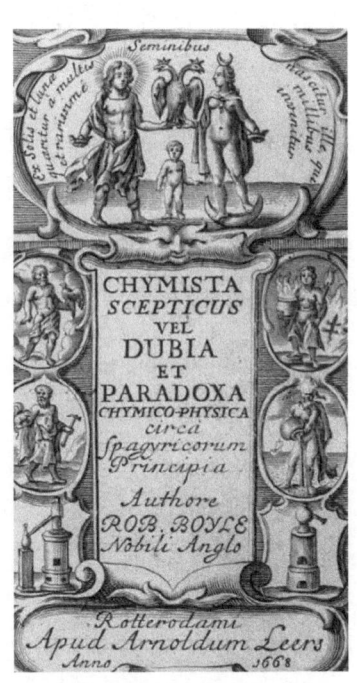

4-5 | 『회의적인 화학자』 속표지

인정하면 수은에 소금이 포함되어 있다는 뜻이 되므로, 수은을 원소라고 할 수 없다고 보일은 파라셀수스파를 맹렬히 공격했다.

근대 화학의 시조

보일은 아리스토텔레스의 4원소나 연금술사의 3원소는 모두 물질의 성질을 추상적으로 생각한 것일 뿐, 결코 물질 그 자체는 아니라고 했다. 참 원소는 역시 물질이며 그 이상 더 간단한 성분으로 쪼갤 수 없는 물질이 바로 원소라고 역설했다.

보일의 주장은 참으로 과학을 연구하려는 사람은 관찰과 실험을 통해야만 하며, 실증되지 않는 이론을 고수해서는 안 된다는 것이었다.

보일이 이처럼 지금까지 흘러 내려온 고대의 원소 개념을 버리고, 실증적으로 원소를 결정해야 한다고 주장함으로써 한층 더 실험적 연구가 활기를 띠어 현대 화학의 기초를 닦게 했다는 점에서 보일을 가리켜 '근대 화학의 시조'라고 부르게 되었다.

원소

보일은 물질의 단일종(單一種)은 성질이 아니라 물질 그 자체 속에서 찾아야 한다고 역설했다. 예를 들어 두 개의 물질인 철과 황을 서로 작용시키면 하나의 새 물질을 얻을 수 있는데, 이 새로 생긴 물질의 성질은 철과도, 황과도 다르다. 그러나 철과 황이 아니면 결코 이 물질을 만들 수가 없다고 했다.

이것은 보일 이전의 설과는 정반대의 해석이다. 성질은 각종 물질에 결합된 고유한 것으로, 임의로 제거하거나 첨가할 수 없는 것이다. 보일은 이미 알려진 수단으로 성질을 변화시킬 수 없는 것을 단일(單一) 또는 근본적인 물질종이라고 했다.

오늘날 우리는 이것을 원소(element)라고 한다. 그러므로 아리스토텔레스의 원소인 물, 공기, 불, 흙은 보일의 견해로서는 결코 원소가 아니었다.

귀납법과 연역법

보일의 시대까지 학자는 우선 생각한 다음에 이 사상(事象)을 눈으로 볼 수 있게 하는 이른바 연역법을 채택했다. 그러나 보일은 우선 눈으로 보고 정확하게 관찰한 다음에 생각해야 한다고 지적했다. 이것이 바로 그가 지적한 무전제(無前堤)의 연구법인데, 그는 늘 이 같은 실험적 귀납법의 가치를 역설했다. 왜냐하면 단지 이로써만 유용한 지식에서 큰 진보를 기대할 수 있기 때문이다(7장 참조).

화학의 목적

보일은 지금까지 화학의 근본적인 화(禍)는 화학자가 자기 이익만을 추구한 점이라고 지적했다. 그는 진리는 진리 그 자체를 위해서 추구해야 한다고 역설했다.

"화학자는 지금까지 편협된 원칙 아래에서, 보다 높은 차원의 목표를 잃었다. 의약품의 제조, 금속의 제조, 금속의 전환 등만이 화학자의 목표였다. 나는 화학을 하나의 학문이 되도록 연구했고, 나의 실험과 관찰로 이것이 실현되리라고 믿었다"라고 보일은 말했다.

원소설과 원자설

일반적으로 물질의 근본을 연구하는 데는 두 가지 길이 있다. 하나는 가장 근본이 되는 물질의 종류를 알아보는 길인데 이것은 원소설에 통한다. 또 하나는 가장 근본이 되는 물질의 입자 크기, 모양, 무게 등을 알아보는 길인데 이는 원자설에 통한다.

결국 이 두 가지 길은 19세기의 돌턴(→7장) 때에 와서 하나로 통합되었지만, 그때까지 각기 입장이 전혀 달랐다. 원소설을 주장하는 이들은 아리스토텔레스나 라부아지에 같은 사람으로 원자에는 냉담했다. 거꾸로 원자설을 주장한 이들은 데모크리토스나 보일 같은 사람으로 역시 원소에는 냉담했다.

원소설을 주장하는 사람은 물질의 색깔, 맛, 냄새 등 이른바 물질의 '제2의 성질'에 집착하지만, 원자설을 주장하는 사람은 크기, 무게, 운동의 속도 등 단지 감각으로 알 수 있을 뿐만 아니라, 측정하여 '수치'로 나타낼 수 있는 성질, 즉 물질의 '제1의 성질'에 주목한다. 보일은 '제2의 성질'은 사람에 따라 다르며, '제1의 성질'을 토대로 해야만 비로소 표현할 수 있다고 주장했다.

지시약의 발견

보일은 실험실에서 황산을 얻으려고 중금속의 황산염을 증류하고 있었는데, 받는 그릇에서 진한 연기가 나오는 일이 있었다. 증류가 다 끝난 다음 보일은 내일의 일을 위해 실험대 위에 놓인 바이올렛 꽃다발을 들고 서재로 가서 의자에 앉았다. 그때 그는 바이올렛 꽃다발에서 연기가 날아가고 있는 것을 보았다. "아! 애처롭게도 산의 연기가 묻었군!" 하고 가엾게 생각한 그는 바이올렛 꽃을 씻으려고 물이 담긴 컵에 꽂았다. 그리고 책을 읽다가 얼마 후 이 컵을 보았더니 놀랍게도 바이올렛 꽃이 빨갛게 되어 있었다. 여기서 힌트를 얻은 보일은 다른 바이올렛 꽃에 산성 용액을 떨어뜨려 보았더니 역시 빨갛게 되었다. 황산뿐만 아니라 다른 산도 마찬가지였다.

"이건 참으로 중대한 일이다. 이제 우리는 어떤 용액이 산인지 아닌지를 곧 결정할 수 있겠다"라고 보일은 굉장히 기뻐했다. "용액에 바이올렛 꽃잎만 담가도 될 것"이라고 생각한 그는 "아니, 물이나 알코올로 이 꽃잎을 추출한 액을 사용하면 더 편리할 것이다"라고 생각하고 곧 꽃잎의 추출액을 만들었다. 이 액을 산에 한 방울 떨어뜨렸을 때 놀랍게도 산성 용액이 빨갛게 되었다.

  보일은 우연한 일로 마침내 지시약(indicator)을 발견하고, 산성 용액과 알칼리성 용액을 쉽게 구별할 수 있는 시약을 발견했다. 그는 곧 조교들과 함께 갖가지 약초, 튤립, 재스민, 배꽃, 리트머스이끼 등의 추출액을 만들어 시험해 보았다. 특히 리트머스이끼에서 얻은 액은 보랏빛인데 산을 가하면 빨갛게, 알칼리를 가하면 푸르게 변하는 것을 보았다. 보일은 다시 이 리트머스이끼의 추출액에 종이를 담근 후 이 종이를 말리고, 여기에 산과 알칼리액을 한 방울 떨어뜨려 보았더니 아주 훌륭하게 빛깔이 변하는 것도 발견했다. 이것이 바로 오늘날 우리가 사용하는 리트머스 시험지이다.

잉크의 발견

  몰식자(沒食子)의 추출액을 연구하고 있을 때 보일은 우연히 철·염액과 이 추출액이 검은빛으로 변하는 것을 발견했다. 그는 곧 이 검은 액을 잉크로 쓸 수 있을 것으로 생각하고, 잉크를 얻을 수 있는 조건을 자세히 연구하여 필요한 처방을 만들었다. 이 처방은 거의 1세기 동안 좋은 검은 잉크를 제조하는 데 이용되었다.

염화은의 성질

관찰력이 예민한 보일은 용액의 또 하나의 성질을 관찰했다. 질산에 녹인 은 용액에 소량의 염산을 첨가할 때 흰 침전이 생기는 것을 보았다. 보일은 이것을 투루나 코르네아(염화은)라고 했다.

$$AgNO_3 + HCl \rightarrow AgCl + HNO_3$$
$$\text{질산은} \quad \text{염산} \quad \text{염화은} \quad \text{질산}$$

이 침전물을 플라스크에 넣고 실험대 위에 놓아두었는데 점점 보랏빛을 띤 검은색으로 변했다. 보일은 이 검은 침전이 공기 때문에 분해되어 은이 되는 것이라 생각했다.

보일은 분해가 태양광선에 의해 일어난다는 것을 그때는 예상하지 못해 이렇게 잘못 판단했지만, 오늘날 이것은 바로 사진 기술에 응용되는 반응이 되었다.

인산과 흰 인

1669년 독일의 브란트(Brandt)가 오줌을 사용하여 인을 발견했는데, 이것은 인류 역사상 처음으로 사람이 만들어 낸 원소였다. 그 후 보일은 인에 흥미를 느끼고 연구했다. 그는 인이 타면 나중에 흰 빛깔의 재가 남는데 이것이 물과 잘 반응하는 것을 발견했다. 이때 얻은 용액은 산성반응을 하므로 보일은 이것을 인산(H_3PO_4)이라고 불렀다.

그는 또한 인을 알칼리와 함께 가열할 때 기체(포스핀, PH_3)가 생기는데 이 기체가 공기와 접촉할 때 발화하고 흰 연기가 생기는 것도 발견했다. 1680년에 보일은 인으로 흰 인을 만드는 데 성공했는데, 그 후 이것을 '보일의 인'이라고 불렀다.

분석화학

보일은 이처럼 빛깔의 변화, 침전 생성, 착색 물질의 생성 등을 주의 깊게 관찰했다. 그는 독특한 반응에 따른 물질의 분해 과정과 얻은 생성물을 감식(鑑識)하는 것을 '분석'이라고 명명했다. 이것은 새로운 연구 방법이었으며, 앞으로의 분석화학 발전에 큰 박차를 가했다.

그 밖의 업적

① 보일은 소금과 얼음을 섞어 낮은 온도를 얻는 데 성공했고, ② 초산칼슘을 가열하여 아세톤(acetone)을 만들었고, ③ 석회수로 황산을 검출하고, ④ 탄닌(tannin)으로 철을 검출했으며, ⑤ 공기 중에서의 소리 전파, 결빙(結氷) 팽창력의 연구에서 비중, 굴절률, 전기, 열, 색채 등의 연구도 있으며, ⑥ 그리스도교의 보급을 위해 성서의 일부를 여러 나라말로 번역하는 데도 가담했고, 무신론자, 회교도 등에게 그리스도교의 존재를 밝히는 데 큰 공헌을 했으며, 종교 관련 저서도 1648년부터 수십 권을 발표했으며, ⑦ 앞서 설명한 책 말고도 1660년부터 1666년까지 6년 동안 실로 수십 권의 중요한 저서를 남겼다. ⑧ 그는 연소(combustion)와 호흡(respiration)의 화학을 연구하고 생리학에 관한 실험도 했다.

그러나 한편으로 그의 성격이 너무 얌전하고 온화하여 동물까지도 사랑했으므로 쥐 같은 생물이 진공 속에서 죽는 것을 차마 볼 수 없어서 실험을 중단하여 호흡의 원리를 찾아내지 못했다. 위대한 법칙을 발견하지 못하고 놓친 셈이다.

그러므로 그의 이런 실험은 조교인 훅(Robert Hooke, 1635~1703년)과 보일의 뒤를 이은 마이오(John Mayow, 1640~1679년) 등에 의해 계승되어 호흡의 원리가 밝혀지게 되었다.

보일의 노년기

보일은 1670년부터 신장염과 심한 중풍으로 고생했지만 그런 대로 실험실에서 실험을 하며 지냈다. 1689년경부터는 점점 몸이 쇠약해져서 자주 공적(公的)회의에도 빠지게 되었고, 면회도 화요일과 금요일 오전, 수요일과 토요일의 오후로 한정했다. 이러한 어려운 때에도 보일은 건강이 허락하는 한 논문을 정리했다. 자신의 건강에 유의한 보일은 외투도 여러 벌을 준비하고 외출할 때는 기온을 측정한 뒤 온도계의 눈금에 따라 몇 벌의 외투를 바꾸어 입었을 정도였다.

1691년 12월 23일에 누이 레이넬라 부인이 죽었다. 그 일에 충격을 받은 보일도 그로부터 7일이 지난 12월 30일, 64세를 일기로 세상을 떠났다. 그의 장례는 친구였던 버넷(Bishop Burnet) 감독의 설교로 엄숙히 진행되었고 누이와 함께 성 마틴(St. Martin) 교회 묘지에 안장되었다. 근대 화학의 시조로서 일생의 위업을 남긴 인정 많은 한 과학자는 자기가 꿈에 그리던 하나님의 나라로 떠났다.

5

조지프 프리스틀리

Joseph Priestley
1733~1804년

프리스틀리는 1733년 3월 24일 영국 요크셔(Yorkshire)의 대도시인 리즈(Leeds)에 가까운 작은 마을 필드헤드(Fieldhead)에서 한 재봉사의 4남 2녀 중 장남으로 태어났다. 아버지는 중산계급에 속하는 영국 국교 교도였는데, 어머니는 비국교파(nonconformist)의 농가 출신인 스위프트(Swift) 집안의 무남독녀였다.

생애

프리스틀리는 여섯 살 때 어머니를 여의고 그 후 줄곧 숙모인 케일리(Keighley) 부인에게 양육되었다. 비국교 교도들은 시민권이 제한되었고 국교파는 왕당(王黨)인데 비국교파는 민권당이었다. 프리스틀리는 대단히 경건한 숙모 밑에서 신앙생활을 할 수 있도록 양육되었다.
숙모와 생활하던 중 열두 살 때 공립 중학교에 입학했는데, 휴가 기간에는 비국교파 목사에게 라틴어, 그리스어 등을 배웠다. 프리스틀리는 열여섯 살 때부터 아랍어를 학습하고 자연과학, 논리학 등 갖가지

서적을 읽었다.

또 그의 숙모는 프리스틀리를 행복하게 살게 하기 위해 목사가 되게 하려고 마음먹었다.

• 목사가 된 프리스틀리

1755년에 프리스틀리는 니덤 마켓(Needham Market)의 작은 교회의 목사로 임명되었고, 1758년에는 낸트위치(Nantwich)의 작은 교회로 전임되었다. 여기서 그는 학교를 세워 30여 명의 아이들에게 자연과학을 가르쳤다. 1761년에는 랭커셔(Lancashire)의 공업도시인 워링턴(Warington)에서 그곳 비국교파 아카데미의 고전어 강사가 되어 라틴어, 그리스어, 프랑스어, 이탈리아어, 민법 등을 가르쳤다. 이곳에서 그는 화학을 강의하던 튜너(Mattew Turner)와 교제하면서 화학 강의를 청강할 수 있었다. 이때, 프리스틀리는 처음으로 화학에 관심을 가지게 되었는데, 목사로서 과학을 전공하지 않았지만 과학으로 유명해졌다.

1767년 9월, 프리스틀리는 고향

5-1 | 1791년 7월 1일 발행의 풍자화. '정치적 목사'냐 또는 '목사적 정치가'이냐!

인 리즈시의 밀 힐(Mill Hill) 교회의 목사로 취임했다. 다행인지 불행인지, 프리스틀리 목사집 부근에 술을 만드는 양조장이 있었는데, 이곳 발효통에서 계속 발생하는 '가스(탄산가스)'에 대해 흥미를 느끼고 실험을 해 본 것이 바로 기체 화학과 관련을 맺게 된 계기가 되었다.

1762년에는 철기제조업자 윌킨슨(Isacc Wilkinson)의 딸과 결혼하고, 1767년 리즈의 밀 힐 교회의 목사가 되면서 신학상 자유주의적인 색채를 띠게 되었다. 그는 영국 정부의 미국 식민지정책을 반대했고, 영국 국왕에게 반항하는 미국 이민자를 공공연하게 지지하고, 노예 매매를 반대하며 모든 잘못된 고루한 신앙을 반대했으며, 과격한 자유주의자로 마지막엔 프랑스혁명을 지지함으로써 그의 노후를 비극으로 몰아넣기도 했다. 1791년 7월 1일에 발행된 그의 풍자화에는 "'정치적 목사'냐, '목사적 정치가'냐!"라는 조롱이 담기기도 했다.

• 사서 겸 고문

1772년에 프리스틀리의 명성을 들은 셸번(Shellburne) 백작은 사서(司書) 겸 고문으로 프리스틀리를 초빙하여 연봉 250파운드와 주택을 제공해 주었다. 프리스틀리는 8년 동안 많은 연구 결과를 쉽게 얻을 수 있었다. 1780년에는 셸번 백작과 헤어졌지만 백작은 프리스틀리에게 평생 150파운드의 연금을 주었으므로 프리스틀리는 3남 1녀의 자식을 데리고 어려운 생활을 꾸려 나갔다.

• 월광협회

  1780년 프리스틀리는 버밍엄(Birmingham)의 새로운 예배 집회 목사가 되었다. 그곳에서 그는 월광협회(Lunan Society)의 회원이 되었다. 이 모임은 지식인들이 정당, 종파를 초월하여 주로 과학에 관한 일만 서로 이야기하는 곳인데, 모임이 끝난 다음 집으로 돌아갈 때의 편의를 고려해 매달 한 번 보름달 밤에 모인다는 뜻에서 '월광협회(月光協會)'라고 했다. 이 협회는 1766년경에는 유명한 영국의 찰스 다윈(Charles Darwin)의 할아버지, 증기기관의 제임스 와트(James Watt, 1736~1819년), 도예가 조사이아 웨지우드(Josiah Weagwood, 1730~1795년) 등 유명한 사람들이 있어서 프리스틀리가 즐겨 출석했다. 이 시기에 공기 실험 등 많은 논문을 발표했다.

• 프랑스혁명과 프리스틀리의 박해

  1787년 7월 14일에 일어난 프랑스혁명은 영국 국민에게도 큰 충격을 주었다. 시민권의 제한을 받은 비국교 교도들은 신앙의 자유를 선언한 프랑스혁명을 환영했다. 비국교 교도 중에서도 급진파의 자유주의자였던 프리스틀리는 특히 열광적으로 이를 지지했다. 이로써 그는 국왕과 국교파의 사람들로부터 심한 원성을 들었다.
  때는 프랑스혁명 당시, 바스티유 감옥을 파괴한 만 2주년 기념 대회가 1791년 7월 14일에 프리스틀리가 머물던 버밍엄에서도 개최되었는데 여기에 대항하는 시민들이 마침내 폭동을 일으켰다. 이 폭도들은 프리스틀리가 혁명파와 관계를 맺고 있다고 생각하고 프리스틀리를 습격했다. 이 폭동의 분노가 프리스틀리와 그 일족에게까지 미치게 되어 귀중한 기계, 논문, 서적 등을 포함한 그의 집은 몽땅 불길 속에 휩싸였다. 겨우 알몸으로 불을 피해 나온 프리스틀리는 그 후 얼마 동안 런던에 숨어 있었으나 끝내 여기에도 있지 못하고, 마침내 고국을 떠나 대서양 건너로 피신할 수밖에 없는 비극적 신세가 되었다. 프리스틀리는 영국에서는 가장 미움을 받는 존재가 되었지만, 반대로 프랑스에서는 그의 수난과 박해에 크게 동정하여 혁명정권의 입법의회는 프리스틀리 부자(父子)에게 시민권을 부여하고 프랑스로 오도록 권유했다.

• **드디어 망명길로**

1793년에는 영국과 프랑스가 전쟁 상태로 돌입했으므로 프리스틀리는 더욱이 영국에 머무르기가 곤란했다. 프리스틀리의 세 자식은 이미 미국으로 떠났으므로 프리스틀리 부부도 미국으로 가기로 결심하고 1794년 4월 7일 영국을 떠나는 배를 타고 6월 4일 뉴욕에 도착했다. 프리스틀리가 대서양을 항해하고 있는 동안 프랑스에서는 라부아지에(→6장)가 혁명군에 의해 사형당했다.

'산소'와 관련된 근대 화학의 두 거인은 이상하게도 모두 프랑스혁명으로 정반대의 방향으로 휩쓸려 함께 박해받았다. 프리스틀리는 혁명파라고 인정되어 조국에서 추방당했고, 라부아지에는 반혁명파로 인정되어 처형당했다.

다음은 프리스틀리가 조국을 떠나 미국으로 떠날 때 마지막으로 남긴 눈물겨운 말이다.

"나는 지금 이 바다를 건너 바다 저편 낯선 땅으로 가려고 한다. 그러나 떠나는 나에게는 아무런 원한도 없고 어떤 분노의 흔적도 남아 있지 않다. 단지 때가 와서 좋은 시절이 될 때까지 내 목숨이 살아 있다면 다시 이 고국 땅에 돌아오기를 바라는 희망만을 안고 고국을 떠나는 것이다. 이런 뜻을 품는 것은 내 뼈를 묻을 곳은 단지 나를 길러준 내 고향 땅 밖에 아무 곳도 없기 때문이다. 잘 있어라. 내 사랑하는 동포여, 조국이여! 평안하라."

플로지스톤 가설

프리스틀리는 평생 플로지스톤(phlogiston) 가설을 믿고 고수했다. 이것은 보일이 죽은 지 10년 후, 독일의 화학자인 베커(Johann Joachim Becher, 1635~1682년)와 그의 제자인 슈탈(Georg Ernst Stahl, 1660~1734년)에 의해 제창된 기본적 단체가설(單體假說)이다. 그리스어의 '플로지스토스(Phlogistos)'는 '불타는 것'이라는 의미인데, 불타는 것이 '불의 원소'를 포함하고 있다고 여겨졌다.

파라셀수스는 아리스토텔레스의 4원소 중의 '불'을 '황'으로 바꾸었

5-2 | 베커

5-3 | 슈탈

는데, 독일의 베커는 이것을 다시 '유성(油性)의 흙'이라고 개명하고 마지막으로 그 제자인 슈탈은 '플로지스톤'이라고 불렀다.

플로지스톤은 극히 작은 미립자인데 탈 수 있는 모든 물질은 플로지스톤을 가지고 있다. 금속도 탈 수 있으므로 역시 플로지스톤을 가지고 있다고 슈탈은 생각했다. 그리고 물질이 타는 것(연소)은 그 물질에서 플로지스톤이 날아가고 마지막에 남은 찌꺼기가 재가 된다고 설명했다.

(물질) - (플로지스톤) → (물질의 재)

그러므로 구리를 공기 속에서 가열하면 구리는 검게 녹이 스는데 이것도 그 당시엔 다음과 같이 생각되었다.

(구리) − (플로지스톤) → (구리의 재)

물론 이것은 오늘날 다음과 같이 생각된다.

(구리) + (산소) → (산화제2구리)
(Cu) (O_2) (CuO)

더욱이 매력적인 것은 반대 변화도 잘 설명되었다는 점이다. 구리와 검은 녹(CuO)은 구리에서 플로지스톤이 날아간 찌꺼기이므로 여기에 플로지스톤을 가하면 다시 구리(Cu)를 얻을 수 있다는 것이다. 실제로 플로지스톤을 가장 많이 포함하고 있는 숯과 구리의 검은 녹을 함께 가열하면 예상대로 다시 구리를 얻을 수 있는데, 플로지스톤설에 따르면 다음과 같이 표시할 수 있다.

구리의 검은 녹(구리 재) + 숯(플로지스톤) → 구리

물론 이것은 오늘날엔 다음과 같은 환원반응으로 표시한다.

$2CuO + C \rightarrow 2Cu + CO_2$
(산화제2구리) (탄소) (구리) (이산화탄소)

이 설은 '플로지스톤'이라는 것을 가정하고 이것을 이용하면 연소나

녹이 스는 변화 등을 설명할 수 있을 뿐이지, 아무도 플로지스톤을 찾아내지도 못했고, 플로지스톤의 존재를 실험으로 증명하지도 못했다. 그러므로 실증되기까지는 학설이라고 할 수 없고 가설(假說)이라고 한다.

그런데 이 플로지스톤이 날아간 다음에 생긴 금속의 재의 무게가 도리어 무거워지는데 이것으로 훌륭히 이 플로기스톤 가설을 타도할 수 있었다. 그러나 이 가설을 지지한 사람들은 "플로지스톤은 마이너스(-)의 무게를 가지고 있다"라고 설명했기에 한층 더 이 가설을 무너뜨리기가 더 어려워졌다. 이 가설이 나중에 라부아지에에 의해 타도되기 전까지, 르네상스의 부활 시대는 약 30년간 다시 암흑시대로 되돌아갔다.

이 가설은 18세기 전반기에는 다만 소수의 학자만이 신봉했으나, 18세기 후반에 와서는 산소를 발견한 프리스틀리, 셸레 및 수소를 발견한 캐번디시 등 훌륭한 화학자를 비롯하여 화학자의 대다수가 이 가설을 믿었다. 그것은 물질의 연소와 호흡, 금속의 산화와 환원 등을 잘 설명해 줄 수 있기 때문이었다.

프리스틀리의 기체 화학

프리스틀리는 리즈시의 목사로 취임하면서 기체 화학의 실험을 시작했다. 그는 무엇보다 먼저 공기에 흥미를 느꼈다. 예를 들어 마개로 막은 그릇 속에 넣어둔 쥐는 왜 며칠 후 죽어야 하는가? 그릇 속에도 공기가 있을 텐데 이상한 일이라고 생각했다. 리즈에서 그의 집이 양조장과 가까웠기에 술 발효통에서 계속 발생하는 가스(탄산가스)에 흥미를 느끼게 되었다.

그는 이 양조장의 발효실 통에서 생기는 가스에 불을 가져갔을 때 그 불이 꺼졌는데, 이때 생긴 연기 같은 작은 구름이 통 위에 떠 있었다. 그는 손바람으로 이 구름을 흔들어 주었더니 구름은 점점 밑으로 가라앉았다. 프리스틀리는 "이 통에는 다른 공기가 있음이 분명하다. 순수한 공기보다 무겁고, 그 속에서는 불이 꺼지는 것"이라고 생각했다. 그는 여기서 몇 종류의 공기가 있다고 생각했다. 모든 생물이 호흡하는 순수한 것과 이것보다 무거운 것이 있다. 이 속에서는 생물이 죽는다고 생각했다.

프리스틀리는 초에 불을 붙인 다음 쥐가 들어 있는 유리병에 넣고 마개를 막은 뒤 관찰했는데 촛불이 꺼진 후 곧 쥐가 죽었다. 여기서 프리스틀리는 "공기는 그 속에서 물질이 탈 때 손상(損傷)되는 것이다"라고 생각했다.

다음에 프리스틀리는 이 '손상된 공기'를 다시 깨끗하게 하는 실험을 해보았다. 그는 큰 물통에 밑에는 수은을 넣고 그 위에 큰 종을 거꾸로 씌운 다음, 종 속에 타는 촛불을 넣어 '손상된 공기'를 얻었다.

다음에 이것을 물로 씻었다. 그랬더니 놀랍게도 물은 그 공기의 일부를 흡수했을 뿐 남은 공기는 역시 생물의 호흡에 아무 소용이 없다는 사실이 드러났다. 쥐는 여전히 그 속에서 죽었다. 이렇게 하여 프리스틀리

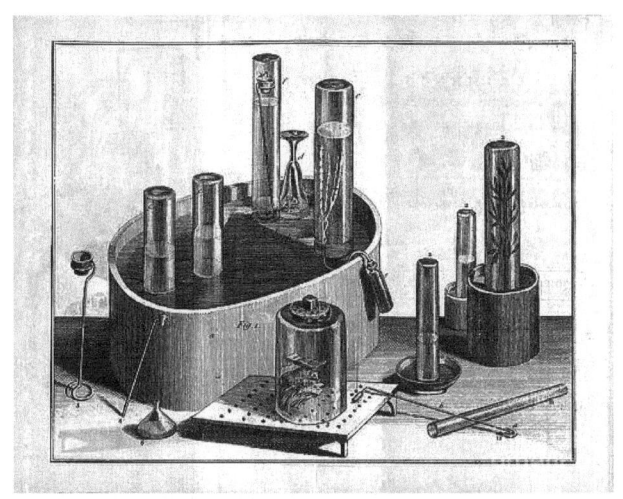

5-4 | 프리스틀리의 기체 실험 장치

는 '손상된 공기'에 흥미를 느끼고 기체 화학과 인연을 맺기 시작했다.

그는 이 '손상된 공기(고정 공기, 탄산가스)'를 물에 녹여, 신맛을 가진 음료수(소다수)를 만드는 방법을 고안하고 1771년에 『물에 고정 공기를 포화시키는 지도서』를 발행했다. 이 책이 프랑스어로 번역되면서 프리스틀리의 이름이 외국에 알려졌다.

이 물에 향내를 내게 하고 설탕을 넣으면 사이다가 되므로 프리스틀리는 현대 탄산음료 공업의 아버지라고 할 수 있다. 이런 일로 프리스틀리는 기체에 대해 한층 더 흥미를 느꼈다. 당시 알려진 기체로는 이산화탄소(탄산가스, 나무가스, 고정가스), 질소, 수소 등인데, 프리스틀리는 이런 기체에도 특별한 흥미를 가졌다.

기체 화학의 선구자들

기체 화학 실험을 쉽게 할 수 있도록 그 실험 기초를 마련해 준 사람이 있다. 영국의 목사이자 식물학자이며 화학자인 헤일스(Stephen Hales, 1677~1761년)이다. 헤일스는 기체를 잡아 모으는 방법을 연구하여 처음으로 물 위에서 병을 거꾸로 세워 기체를 모으는 이른바 수상치환법(水上置換法)을 발견했다. 물론 물에 녹는 기체를 모을 때는 물 대신 수은을 사용하면 된다. 이로써 기체 화학 실험은 간편하게 이루어지게 되었다. 여기서 프리스틀리는 물에 녹는 암모니아(NH_3)와 염화수소(HCl) 등을 수은치환으로 유리시켜 많은 실험을 했다. 이 공로로 프리스틀리는 1772년 프랑스 과학 아카데미의 회원이 되기도 했다.

5-5 | 헤일스와 기체포집용의 공기 실험조

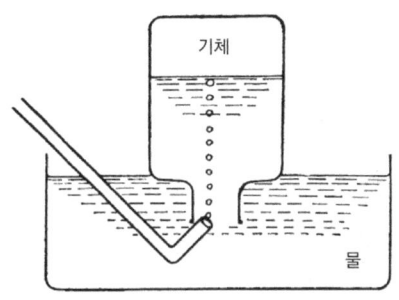

5-6 | 수상치환법
물에 녹는 기체일 때는 물 대신 수은을 사용한다.

프리스틀리가 양조장에서나 촛불이 탈 때 관찰한 기체는 탄산가스인데 이것은 조지프 블랙(Joseph Black, 1725~1799년)의 논문으로 잘 알려져 있었다.

블랙은 석회석과 염산으로부터 처음으로 탄산가스를 얻었는데, 이것이 석회수($Ca(OH)_2$)나 다른 알칼리에 흡수되는 성질이 있음을 발견하고 이 탄산가스를 '고정 공기'라고 불렀다.

이로써 기체는 액체나 고체로부터 방출될 뿐만 아니라 고체나 액체와 동등한 권리를 가지고 반응할 수 있고 결합할 수 있다는 새로운 사실의 발견은 그 후의 기체 화학의 발전에 큰 영향을 주었다. 이 '고정 가스'는 헬몬트의 '나무 가스'와 똑같은 것으로 모두 탄산가스이다.

한편 영국의 화학자인 헨리 캐번디시(Henry Cavendish, 1731~1810년)는 1766년에 〈그림 5-8〉 A의 장치에서 아연과 묽은 황산을 넣고 발

5-7 | 블랙

생되는 가스의 거품을 막기 위해 B를 꽂고 그 위에 글라스관을 설치했다.

그 속에 진주재(眞珠灰)를 넣고 발생한 가스 중의 습기를 흡수하고 제거하여 가스를 얻었다. 캐번디시는 이 가스의 성질을 조사하던 중 잘 타는 성질이 있음을 발견하고, 이 가스(수소)를 '가연성 공기'라고 명명했다.

플로지스톤설을 믿었던 캐번디시는 이 기체가 금속 속에 있던 플로지스톤이 날아와 기체 상태가 된 것이라고 생각했으며, 실제로 자신이 플로지스톤을 유리했다고 믿기도 했다. 이를 통해 당시 잘못된 플로지스

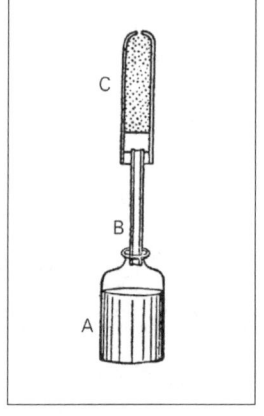

5-8 | 캐번디시와 그의 실험 장치

톤 가설이 얼마나 위력이 있었는지를 알 수 있다.

　탄산가스라는 '고정 공기'를 연구하던 블랙은 초가 탄 다음에 생긴 '고정 공기'를 알칼리로 흡수시켰을 때, 끝까지 흡수되지 않는 기체가 있음을 알았다. 이 남아 있는 기체는 탄산가스가 아니었지만, 물질을 태울 수 없었다. 블랙은 이 어려운 수수께끼를 자기 제자인 대니얼 러더퍼드(Daniel Rutherford, 1749~1819년)에게 넘겨줬다.

　러더퍼드는 알칼리에 흡수되지 않고 마지막까지 남아 있는 기체 중에서 물질이 타지 않는 것은 플로지스톤을 받아들일 수 있는 공기가 이미 플로지스톤으로 충만되어 있어 더 이상 플로지스톤을 받아들일 능력이 없기 때문이라고 플로지스톤 가설의 신봉자답게 해석했다. 러더퍼드는 1772년에 이 기체를 '플로지스톤화된 공기'라고 했다. 이어서

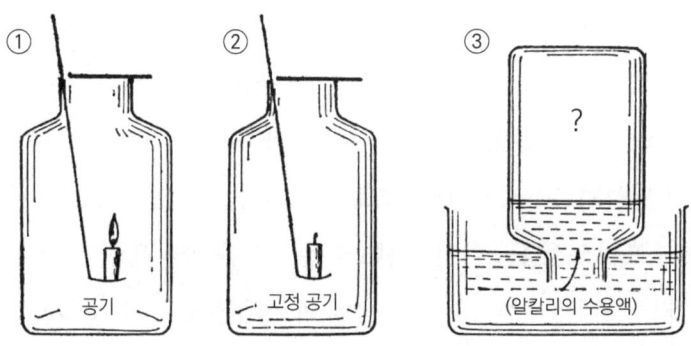

5-9 | 왜 촛불은 꺼지며, 남은 기체는 무엇인가?

이 '플로지스톤화된 공기' 속에서 쥐가 살지 못하고 죽는 것을 보고, 이를 다시 '탄식하는 공기'라고도 불렀다. 그러나 이 기체를 질소라고 개명한 것은 플로지스톤 가설을 타파해 버린 라부아지에였다.

마침내 산소를 발견

1774년 6월경 프리스틀리는 런던의 과학 기재상으로부터 지름이 약 12인치에 달하는 큰 렌즈를 얻을 수 있었다.

1774년 8월 1일, 월요일은 매우 좋은 날씨였다. 프리스틀리는 12인치의 렌즈로 역사적인 실험을 시작했다. 그는 수은을 오랫동안 가열하여 만든 적색 수은(赤色水銀, HgO)을 작은 유리그릇에 넣고 렌즈를 이용해 태양열로 가열해 보았다. 그러자 분말 상태의 적색 수은이 은빛 수은으로 변하면서 일종의 기체가 발생하는 것을 보았다. 이것은 수은이 가진 특수성질 때문인데 수은(Hg)은 공기 속에서 가열하면 $2Hg+O_2 \rightarrow 2HgO$로 적색의 분말상의 산화수은이 되며, 더 높은 온도로 계속 가열하면 $2HgO \rightarrow 2Hg+O_2$로 분해되어 산소 가스가 생기게 된다. 그 당시 프리스틀리는 이것이 산소라는 사실을 아직 알지 못했다.

프리스틀리는 다른 장치를 이용해 이 기체를 모은 뒤, 촛불을 붙여 보았다. 그러자 공기 속에서보다 훨씬 더 밝은 불꽃을 내면서 맹렬히 타는 것을 보았다. 이 실험은 불가피한 여행 때문에 일시적으로 중단되었다.

 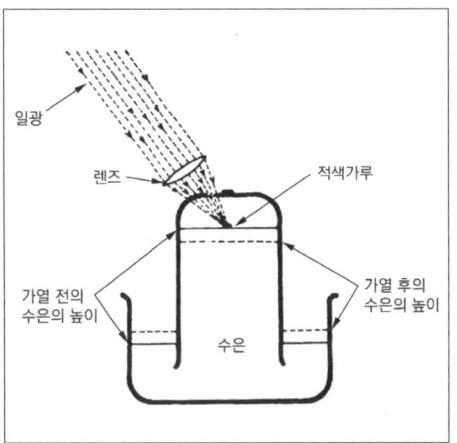

5-10 | 프리스틀리가 1774년 8월 1일에 실험한 지름 12인치의 큰 렌즈

5-11 | 수은조 위에서 적색 산화수은을 렌즈로 가열하는 모양

라부아지에와의 만남

프리스틀리는 이 실험을 마친 뒤, 평소 신세를 지고 있던 셸번백작을 따라 유럽을 여행하면서 대륙의 여러 학자를 만나 이야기할 기회를 얻게 되었다.

그중에도 특히 라부아지에의 초대연에 참석하게 되었다. 여기서 프리스틀리는 자신의 연구 성과를 라부아지에에게 설명했고, 이는 그의 큰 관심을 끌었다. 그러나 프리스틀리는 자신의 발견이 훗날 라부아지에의 성공의 열쇠가 되리라고는 꿈에도 몰랐다.

다시 영국으로 돌아와서

그해 11월 초순에 런던으로 돌아온 프리스틀리는 11월 19일과 21일에 다시 이 기체에 대한 실험을 시작했다. 1775년 3월 1일에 그는 이 기체가 동물의 호흡을 돕는다는 사실을 발견했다. 곧이어 3월 8일에 이 기체를 넣은 상자 속에 쥐를 넣어 보았다. 그러자 쥐는 일반적인 공기 중에서보다 더 기분 좋게 오래 살 수 있었다고 보고했다. 호흡이 곤란한 환자가 산소 흡입으로 생명을 구할 수 있는 현대의학의 중요한 치료법도 이 연구에서 시작되었다.

1775년 3월 15일, 프리스틀리는 마침내 연소와 호흡을 돕는 힘이 보통 공기보다 훨씬 큰 새로운 기체를 '탈(脫)플로지스톤 공기'라고 불렀다.

그는 '산소'를 보통 공기에서 플로지스톤을 없앤 기체로 생각하고 '탈플로지스톤 공기'라고 명명했다. 이후 그는 질산에 담근 흙을 가열하면 '탈플로지스톤 공기'를 만들 수 있는 것도 발견했다. 따라서 그는 '산소'가 질산, 흙, 그리고 플로지스톤으로 구성되어 있다고 생각하기도 했다.

프리스틀리가 이처럼 훌륭하게 '산소'를 발견했음에도 불구하고 이를 '탈플로지스톤 공기'라고 명명한 것은 그가 플로지스톤 가설의 신봉자였기 때문이었다.

또 한 명의 산소 발견자

스웨덴의 화학자 칼 빌헬름 셸레(Karl Wilhelm Scheele, 1742~1786년)도 산소를 발견한 인물이었다. 셸레는 처음에 불의 원리를 이해하려고 실험을 진행했다. 연소가 공기 속에서 일어나므로 우선 셸레는 공기의 성분을 알아보려고 했다. 그는 플로지스톤 가설의 신봉자였으므로 한정된 공기 속에서 다양한 물질이 플로지스톤을 방출하는 과정을 연구했으며, 이 플로기스톤이 그 공기의 부피와 성질에 어떤 영향을 끼치는지를 알아보려고 했다.

그는 철과 황과 탄산칼륨을 함께 녹여 만든 황화칼륨(K_2S)의 용액을 빈 그릇에 넣고 단단히 막은 다음 14일 동안 그대로 두었다. 그 후 그는 그릇을 거꾸로 뒤집어 물 위에 세워 보았는데 물이 침입하면서 공기의 1/5이 소비되는 것을 발견했다. 사실상 황화칼륨에 의해 흡수된 공기 중 일부만이 연소와 관계가 있었다. 물질이 탈 때, 이와 거의 같은 부피의 기체가 공기 중에서 없어지는 것이다.

이같이 공기의 부피가 감소하는 것은 공기가 황화칼륨에서 튀어나온 플로지스톤과 결합하기 때문이라고 생각했다. 그는 다시 플로지스톤이 보통 공기의 한 성분과 결합해 열로 발산된다고 생각하고 이 성분을 '불의 공기(산소)'라고 불렀다. 또한 그는 은과 수은의 질산염, 탄산염을 가열해 '불의 공기'를 만드는 데 성공했다. 이 실험은 1771년에 이루어졌으며, 셸레는 1771년에 산소를 발견하여, '불의 공기'라고 불렀다.

셸레가 만든 '불의 공기'는 우리가 오늘날 산소라고 부르는 기체였다.

이렇게 해서 셸레는 1773년에 이 발견에 관한 논문「공기와 불에 대한 화학 논문」을 인쇄소에 부탁했으나, 인쇄공의 태만으로 1777년에 발표되었다. 이때는 이미 프리스틀리가 1775년에 산소 발견을 발표한 뒤였으므로 산소의 발견자로서의 영예는 영국의 프리스틀리에게 돌아갔다. 그러나 그가 사망한 후, 1972년 그의 노트를 통해 산소 발견의 우선권이 인정되었고, 오늘날에는 프리스틀리와 셸레 두 사람 모두를 산소 발견자로 인정하고 있다.

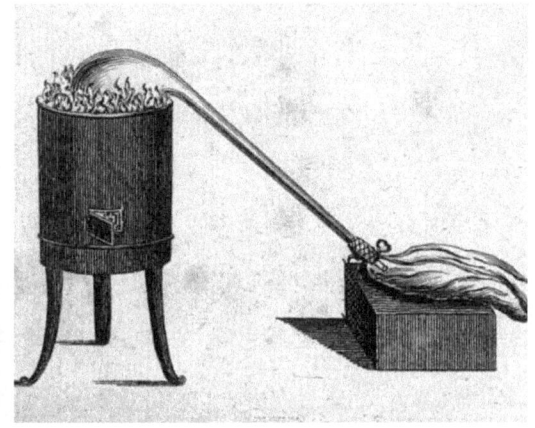

5-12 | 셸레와 '불의 공기'를 만드는 방법

'러버'라는 이름의 유래

프랑스의 지리학자 라 콩다민(Charles Marie de La Condamine, 1701~1774년)이 유럽에 가지고 온 남아메리카산 나무 진액을 '러버'라고 부른 사람은 프리스틀리였다. 이것을 사용하면 종이에 쓴 연필 글씨를 간단히 지울 수 있었기 때문에 프리스틀리는 '지울 수 있는 물질'이라는 뜻에서 이를 '러버'라고 불렀다. 이것이 '러버(고무)'라는 이름의 유래가 되었다.

프리스틀리가 발견한 여러 가지 기체

1. 초공기(NO 가스)

철, 구리, 주석, 은, 수은 등에 질산을 작용시켜 발생하는 기체를 발견하고, 이것을 초공기(硝空氣, nitrous air)라고 했다.

2. 변질초공기(N_2O 가스)

철가루 또는 철가루와 황가루의 혼합물을 물로 적신 다음 초공기와 작용시켜 또 하나의 기체를 얻었다. 그는 이를 변질(變質)초공기(modified nitrous air) 또는 감용(減容)초공기(diminished nitrous air)라고 이름 지었다.

3. 해산공기, 알칼리공기, 반산공기

오늘날 우리가 염화수소(HCl)라고 하는 가스를 얻어 해산공기(海酸空氣, marine acid air)라 했고, 암모니아(NH₃)를 얻어 이를 알칼리공기(alkaline air)라 했으며, 아황산가스(SO₂)를 얻어 반산공기(礬酸空氣, vitriolic acid air)라 불렀다.

그 밖의 업적

프리스틀리가 평생 발표한 저서는 무려 100여 종에 달하며, 그 대부분은 신학(神學)에 관한 것이었다. 그에게 신학은 가장 중요한 학문이었다. 그는 1771년과 1777년 사이에 『갖가지 종류의 공기에 대한 실험과 관찰』, 『자연과학의 갖가지 부분에 관련하는 실험과 관찰』 등 6권을 발표했다. 이후에는 『전기학의 역사와 현상』, 『시각, 광, 색채에 관한 발견의 역사와 현상』 등의 저술도 남겼다.

노년기

1794년 6월 4일 뉴욕에 도착한 프리스틀리는 펜실베이니아주의 노섬벌랜드(Northumberland)로 갔다. 그곳에는 그의 장남이 농장을 경영하고 있었다. 이 작은 도시 노섬벌랜드는 프리스틀리의 마음에 들었다. 그는 이곳에 집을 짓고 다시금 화학과 신학을 연구했다. 그러나 1795년 가을에 사랑하는 셋째 아들이 결핵으로 세상을 떠났고, 이듬해 가을에는 그의 아내도 사망했다. 1797년 가을엔 실험실이 완공되었고, 그는 플로지스톤 가설을 고수하려고 실험을 다시 시작했다. 또한 뉴욕의 과학잡지에 논문을 발표했으나 구설(旧說)을 고집하는 그의 논문은 이제는 학계에서 받아 주지를 않았고 완전히 무시되었다.

최후의 2~3년 동안 프리스틀리는 소화불량으로 인한 쇠약에 시달렸으나, 그럼에도 저술과 실험을 계속했다.

1804년 2월 6일 오전, 그는 극도로 쇠약한 상태였지만 『플로지스톤에 관한 고찰』이라는 책을 출판하기 위해 원고의 잘못된 점을 큰아들에게 지적해 주었다. 그러고는 "나는 이제 모든 일을 다 마쳤다(That is right, I have now done)"라는 말을 남긴 뒤, 40분 후 세상을 떠났다.

나이 70세 10개월, 불우한

5-13 | 리즈시의 프리스틀리 동상

과학자이자 목사였던 프리스틀리는 고국으로 돌아가지 못한 채 낯선 외국 땅에서 조용히 생을 마감했다. 그래서 후세 사람들은 그를 가리켜 '고독과 불운의 과학자'라고 불렀다.

그러나 영국의 리즈시는 프리스틀리를 기념하기 위해 한 손에는 렌즈를 들고, 또 한 손에는 수은을 넣은 시험관이 담긴 그릇을 쥐고 있는 불우한 과학자의 동상을 세웠다. 이를 통해 리즈시는 그가 산소의 발견자임을 오늘날에도 널리 알리고 있다. 프리스틀리가 사용했던 그 유명한 12인치 렌즈는 고손녀(高孫女)인 퍼크스 베로크 양의 집에 가보로 전해지고 있으며, 그가 사용했던 전기기계는 지금도 런던 과학박물관에 보존되어 있다고 한다.

6

앙투안 로랑 라부아지에

Antoine Laurent Lavoisier
1743~1794년

라부아지에는 1743년 8월 28일 파리에서 태어나 1794년 5월 8일 파리에서 생을 마감했다.

소년 시절

라부아지에의 아버지는 파리 재판소의 검사였고 어머니도 부유한 집 딸이었으므로 라부아지에는 행복하게 살았다. 그러나 그의 어머니는 1748년, 그가 다섯 살 때 세상을 떠났다. 이때 라부아지에는 세 살이었던 누이동생과 함께 숙모에게 양육을 받았는데, 그가 열일곱 살 때 누이동생마저 세상을 떠나면서 그는 독자가 되었다.

아버지는 라부아지에를 파리에서 가장 훌륭한 마자랭학원(College Mazarin)에 입학시켰다. 그는 이곳을 졸업한 후, 법과대학으로 진학하여 1764년에 졸업하고 변호사가 되었다.

그러나 라부아지에는 자연과학에 취미를 가지고 변호사가 된 후에는 오히려 과학자가 되려고 결심했다. 그는 수학, 천문학, 식물학, 지질학 등을 더욱더 심도 있게 연구했으며, 특히 화학에 취미를 가지게 되면서 화학에 관한 논문도 많이 읽었다.

생애

1765년 라부아지에는 23세 때 첫 논문인 「파리의 조명(照明)의 가장 우수한 조직에 대해서」를 발표해 상금을 받았다. 이어서 「석고(石膏)의 굳는 작용」에 대한 논문도 발표했다. 1768년 25세의 라부아지에는 이 업적으로 과학 아카데미의 준회원이 되었으며 이듬해 정회원이 되었다. 이때부터 그는 자신의 힘을 전적으로 과학에 기울이게 되었다.

• 징세조합 회원

1769년 26세가 된 라부아지에는 징세조합의 회원으로 가입했고, 얼마 후 곧 조합의 이사가 되었다. 징세조합이란 정부에 고용된 개인 회사인데 정부가 할당한 세금만 걷되, 그 이상 거둔 금액은 자기 수입으로 삼는 조합이다. 그러므로 최후의 한 푼까지 세금을 거둬들였다. 라부아지에는 직접 모금에 종사하지는 않았지만, 감독자로서 분주했다. 18세기 프랑스에서는 이 세금을 받는 사람처럼 미움을 많이 받은 사람도 없었다. 라부아지에 같은 학자가 왜 이런 징세조합에 가입했는지에 대한 이유는 단지 막대한 연구자금을 조달하기 위해서였다. 이를 통해 그는 아주 크고 좋은 실험실까지 설립할 수 있었다.

　백성들에게는 미움을 받았지만, 이를 계기로 라부아지에는 정치계와 일반 사회와의 인연이 점차 깊어졌다. 1775년에는 화약 관리관에 임명되어 이곳에서 흑색 화약에 사용되는 초석(硝, KNO_3)의 품질을 연구하고 개량했다. 1791년에는 도량형 조사회의 위원으로 임명되어 항상 그들의 중심인물로서 순수한 학술 방면이나 사무적 방면에서 끊임없는 노력을 기울였다.

6-1 | 실험실의 라부아지에 부부

6. 앙투안 로랑 라부아지에

• 결혼

라부아지에는 직무상 징세관인 폴즈(Paulze)와 알게 되었는데 폴즈는 젊은 라부아지에의 재능을 인정하고 결국 그의 장인이 되었다. 1771년 12월 4일, 28세의 라부아지에는 불과 열네 살이었던 마리 앤 폴즈(Marie Anne Paulze)와 결혼했다. 마리는 아름답고 지적인 여성이었으며, 외국어에 능통하고 재능 있는 예술가이기도 했다. 그녀는 외국의 많은 서적을 번역해 남편의 연구 자료로 제공했다. 젊은 부인은 항상 실험실에서 라부아지에의 실험 조교로 함께 일하면서 남편을 정성껏 도왔다.

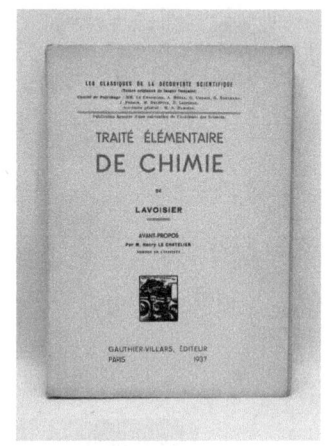

6-2 | 『화학 요강』 속표지

뿐만 아니라 당시 독일어로 쓰인 슈탈의 플로지스톤 가설을 번역해 라부아지에가 이해하는 데 큰 도움을 주었고, 라부아지에의 명저 『화학요강』의 삽화를 직접 그려 남편의 출판을 지원했다. 이 책을 계기로 현대 화학으로서의 체계가 정립되었다.

• 라부아지에에 대한 원한

라부아지에가 프랑스 과학 아카데미의 정회원으로 선출되었을 때, 1780년 '마라'라는 한 신문기자도 자신이 훌륭한 과학자라고 주장하며 아카데미의 회원이 되기를 신청했다. 그러나 마라의 논문을 가치 없다고 입회를 몹시 반대한 사람이 바로 라부아지에였다. 집념이 강했던 마라는 이에 깊은 원한을 품었고, 훗날 라부아지에는 마라로부터 심각한 보복을 당하게 된다.

- **프랑스혁명**

1789년 7월에 마침내 프랑스에서는 혁명 전야의 불꽃이 타오르기 시작했다. 1792년에 프랑스는 혁명군의 천하가 되었고, 곧 징세조합원들이 체포되기 시작했다. 라부아지에는 처음에는 연구실에서만 추방되었으나 결국 체포되었다. 그는 이때 자신이 세금 징수인이 아니라 과학자라고 해명했지만, 혁명군은 "프랑스 공화국에는 과학자가 필요 없다"고 폭언을 하며, 라부아지에를 포함한 28명의 징세조합원을 함께 체포했다. 이것이 1793년 11월 28일의 일이었다.

- **혁명재판**

라부아지에의 재판은 마치 연극 각본과도 같았다. 이제는 혁명군의 강력한 지도자가 된 마라는 과거의 감정으로 복수심에 불타 있었으며, 라부아지에는 그의 모략에 의해 결국 재판에서 사형선고를 받았다. 학계뿐만 아니라 각계 각층에서 라부아지에만큼은 구출해야 한다며 국민의회에 각종 진정서와 석방 탄원서를 제출했으나, 또 다른 과학자인 앙투안 프랑수아 푸르크루아(Antoine François de Fourcroy, 1755~1809년)

의 흉측한 모략으로 1794년 5월 7일 앞서 말한 바와 같이 28명의 징세 조합원 전원이 사형 판결을 받았다.

라부아지에의 업적

• **연소이론의 확립**

① 펠리칸병 실험

라부아지에는 1769년 처음으로 정확한 화학저울과 밀폐된 그릇을 사용해 아리스토텔레스의 원소 전환설을 타파했다. 라부아지에가 화학저울을 처음 사용한 것은 아니었고, 이미 고대 이집트에서 저울이 사용된 기록이 있었다. 그러나 라부아지에가 실험 도구로 화학저울을 착안한 것은 아주 훌륭한 일이었고, 더욱이 밀폐된 그릇을 사용한 것은 라부아지에의 탁월한 생각이었다.

라부아지에는 목이 긴 유리로 만든 펠리칸병에 물을 넣고 100일간 가열한 후, 가열 전후의 물과 증류기 및 흙 같은 침전물의 무게를 저울로 정밀하게 측정했다. 그 결과 그는 고대 그리스 시대부터 내려오던 원소 전환설이 잘못되었음을 입증했다. 가열 전후에도 물의 양에는 아무런 변화가 없었으며, 흙 같은 침전물은 물이 전환된 것이 아니라 유리에서 생긴 것임을 정량적으로 밝혔다.

② 물질의 가열

라부아지에는 1772년 9월 10일 독일산 인을 구입해 이것을 가열하는 실험을 진행했다. 그 결과 가열 후 생긴 재(오산화인, P_2O_5)가 원료인 인보다 더 무겁다는 사실을 발견했다.

황을 가열할 때도 마찬가지였는데, 그는 모든 물질의 회화(灰化) 때 무게가 증가하는 것은 공기가 흡수되었기 때문이라고 주장했다. 1774년 1월에, 라부아지에는 공기 속에 어떤 특수한 물질이 있어서 이것이 물질과 결합해 그 무게를 증가시킨다고 했지만, 당시에는 그것이 정확히 무엇인지 알 수 없었다.

이렇게 하여 1774년 4월에 라부아지에는 주석으로 아주 정확한 가열실험을 했다. 그는 주석 4608그레인(1grain=1/20gr.)을 용기에 넣고

6-3 | 펠리칸병   6-4 | 고대 이집트 저울

마개를 한 다음, 며칠간 가열해 거의 일정한 무게가 되게 하고, 그 무게를 달아 7634.50그레인을 얻었다. 그러므로(7637.63-7634.50)=3.13그레인의 무게 증가를 보았다. 다음에 가열되어 생긴 주석의 재(산화주석)만을 꺼내어 달아 보았더니 4611.12그레인이었다. 그러므로 4611.12-4608=3.12그레인으로부터, 라부아지에는 이 무게의 증가분만큼 공기 속의 어떤 성분이 주석과 결합했을 것이라고 생각하게 되었다. 이것은 용기 속으로 공기가 들어갔을 때의 양과 무거워진 주석의 양 3.13그레인이 거의 같기 때문이었다.

> 용기 + 주석(4608그레인) ·················· 7634.50그레인
> 마개를 열고 공기를 넣고 ··············· 7637.63그레인
> ∴ 7637.63-7634.50 = 3.13그레인 증가
> 가열하여 생긴 주석의 재(산화주석) ··· 4611.12그레인
> ∴ 4611.12-4608=3.12그레인

연소 및 회화 때 공기의 일부분이 흡수되는 것을 알았는데 당시 그는 그것이 무엇인지 아직 알지 못했다.

③ 프리스틀리의 정보

바로 이 무렵 1774년 10월, 라부아지에는 영국의 프리스틀리로부

터 기막히고도 귀중한 정보를 얻게 되었다. 프리스틀리는 "수은재(산화제이수은)를 가열할 때 생기는 기체가 연소를 지지한다는 것"을 라부아지에에게 전해주었다. 라부아지에가 수은재의 정보를 얻게 된 것은 실로 둘도 없는 큰 행운이었다.

④라부아지에의 수은재 실험

라부아지에는 곧 수은을 가열하는 공기실험을 했다. 레톨트 (A)에 수은을 가열하면, 공기 속의 산소와 화합해 적색의 수은재(산화제이수은, HgO)로 된다. 이때 산소가 없어지므로 유리종 (B)의 공기가 (A)로 이동하므로, 그만큼 유리통 (C)의 수은이 (B) 속으로 올라가게 된다(높이가 약 5분의 1 정도). 다음으로 적색의 수은재만을 모아서 렌즈로 가열해 보았을 때 프리스틀리가 말한 '탈플로지스톤 공기'를 얻었고, 적색 분말

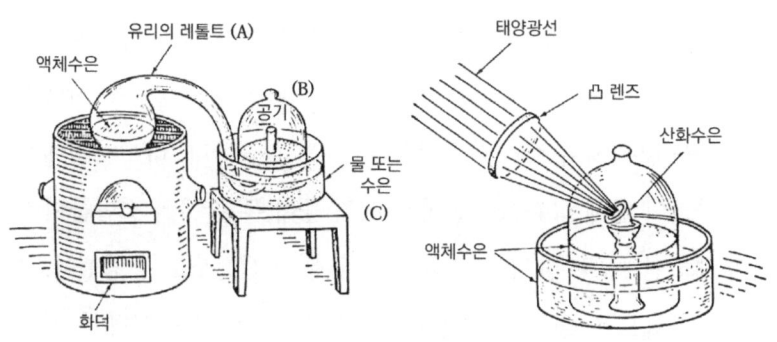

6-5 | 라부아지에의 공기실험과 수은재 가열실험

은 다시 처음의 수은으로 되었다. 라부아지에는 1777년에서 1778년에 자신의 실험을 종합해 새로운 연소론을 발표했다. 이것은 공기는 두 가지 주성분으로 되어 있는데, 연소와 회화 때에는 그 한쪽 성분인 산소가스가 물질과 결합해, 생성물의 무게가 증가한다는 학설이다. 여기서 비로소 플로지스톤 가설은 자취를 감추게 되었다.

⑤ 산소

1779년 9월 5일에 발표한 논문에서 라부아지에는 '맛을 시게 하는 원질'을 뜻하는 의미에서 산소(oxygen)라는 용어를 처음 사용했다. 따라서 프리스틀리의 '탈플로기스톤 공기'가 라부아지에에 의해 '산소'로 바뀌었다.

• 물 조성의 확립

1783년 11월, 라브와지에는 그의 조교인 라플라스(Laplace, 1749~1827년)와 함께 영국의 캐번디시가 수행한 수소와 산소 혼합물에 전기 불꽃을 일으켜 물이 생성되는 실험을 다시 확인하는 실험을 진행했다. 또한 물을 분해해 수소와 산소를 얻는 데도 성공했다. 라부아지에는 수소와 산소의 단체성(單体性)을 확신하고, 물이 두 단체의 결합물이며 물을 분해하면 이 두 단체로 분해할 수 있음을 실험으로 증명했다. 캐번디시가 처음으로 물을 합성했다면 라부아지에는 물을 분해한 것이다. 이렇게 하여 물의 본성이 확인되면서 4원소설은 또 한 번 치명적인 타

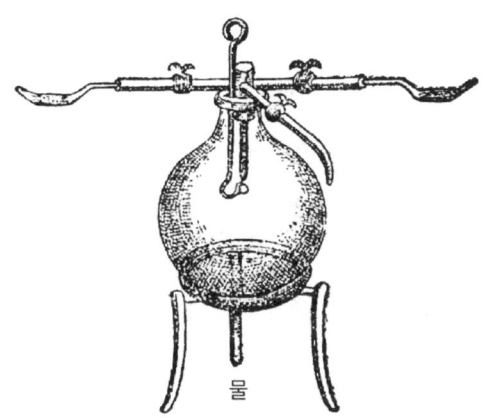

6-6 | 라부아지에의 물합성에 사용한 전기불꽃 장치

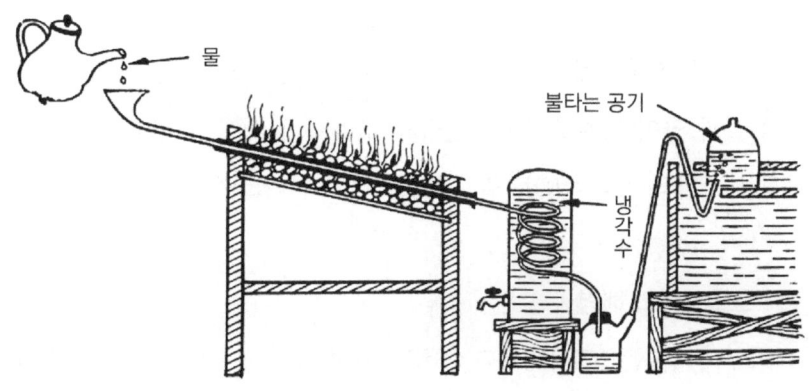

6-7 | 라부아지에의 물분해 실험장치

격을 받게 되었다.

• **질량불변의 법칙 확립**

라부아지에의 플로지스톤 가설에 반대하는 사상은 연소이론의 확립 후 점차 확고한 이론으로 발전했다. 1789년에 발행된 라부아지에의 저서 『화학 요강(化學要綱)』은 화학 혁명의 중요한 전환점을 마련했다. 이 책에서 그는 질량불변 또는 질량보존의 법칙을 처음으로 언급했다.

이는 물질의 변화를 무게로 달아서 알아보려는 라부아지에의 사상에서 비롯된 것이다. 물질의 무게(重量, 貿量) 측정은 원래 물리학적 방법인데, 이것을 화학 연구의 기본사상으로 도입한 것은 라부아지에의 현명한 처사였다. 앞서 설명한 펠리칸병의 실험에서도 질량불변의 법칙은 암암리에 인정되고 있었다. 라부아지에는 그의 저서 『화학 요강』에서 이렇게 말하고 있다.

"모든 화학실험에서 반응 전후에 같은 양의 물질이 존재하고, 또 원소의 질과 양이 똑같고, 단지 변화와 모양이 달라질 뿐이다. 그러므로 이것은 하나의 공리(公理)로 볼 수 있을 것이다"라고 했다.

• **호흡현상의 해명**

라부아지에는 1782년부터 1883년까지 그의 조교인 라플라스와 함께 동물의 호흡이 하나의 연소 현상과 같다는 사실을 밝혀냈다. 이 실험은 산소를 채운 밀폐된 용기 안에 쥐를 넣고 일정량의 탄산가스가 생

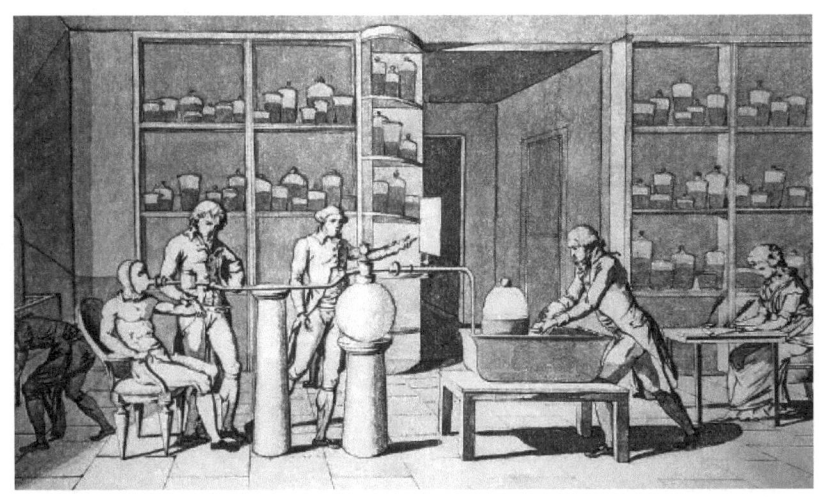

6-8 | 인류 호흡실험 중인 라부아지에. 노트하고 있는 사람은 그의 부인이다.

길 때까지 용기 주위의 얼음이 녹은 양을 측정하고, 다음에 같은 용기 안에서 숯을 태워 같은 양의 탄산가스가 생길 때까지 녹은 얼음의 양을 측정해, 두 실험값이 거의 일치함을 확인했다. 그 후 라부아지에는 자신의 젊은 조교 세갱(seguin, 1765~1835년)을 인간 모르모트로 사용해 호흡현상을 연구했다.

세갱은 공기가 새지 않는 금속제 마스크를 쓰고 일을 하면서, 휴식할 때와 일할 때의 산소 소비량과 탄산가스 방출량을 비교 분석했다. 또한 그는 이러한 기온(氣溫)과 음식물 섭취량과의 관계 등을 조사했다. 이렇게 하여 라부아지에는 연소와 호흡 모두에 공기(산소)가 필요하다는 것을 발견했다.

• **화학 용어의 개혁**

산소를 발견한 프리스틀리는 자신이 발견한 산소 가스에 '탈플로지스톤 공기'라는 이름을 붙였는데 라부아지에는 이것을 '산소'라고 고쳤다.

1785년경부터 라부아지에는 베르톨레(Berthollet, 1748~1822년), 푸르크루아(Fourcroy, 1755~1809년), 모르보(Guyton de Morveau, 1737~1816년) 등과 함께 화학 용어를 체계화하는 작업에 착수했다. 그리고 1787년에 이들은 『화학 명명법』이라는 책을 출판해 현대 화학 용어의 기초를 마련했다.

예를 들어, 그때까지 금속재(灰, calx)라고 부르던 것을 '금속 산화물(metallic oxide)'로 개정했다. 따라서 금속재의 일종인 아연화(亞鉛華, flowers of zinc)는 산화아연(zinc oxide)으로 개명되었다. 또한 '비트리올유(oil of vitriol)'라고 불리던 것도 '황산(sulfuric acid)'으로 바뀌었다.

이는 프랑스 혁명 정부의 명령에 따른 것이었으며, 이렇게 라부아지에는 혁명 정부에 적극 협력하기도 했다. 그러나 몇 사람의 질투와 모략 때문에 사형을 당하게 된 것은 퍽 애석한 일이 아닐 수 없다.

• **단체가설의 확립**

라부아지에는 단체(원소)를 분석에 의해 도달한 궁극점, 즉 우리가 현재 어떤 수단을 사용해도 더 이상 분해할 수 없는 물질이라고 정의했다. 이 정의는 앞서 말한 보일의 정의와 비교하면 상당히 실험주의적인 것이다. 보일은 원소를 '그 이상 절대로 분해되지 않는 것', 즉 분해의 절대적 극한(極限)이라고 정의했지만, 라부아지에는 분해의 실험적인 극한을 단체(원소)라고 정의했다.

그는 이 가설적 정의에 따라 33종의 물질을 골라 원소표를 작성하고, 이를 자신의 저서『화학 요강』에 발표했다.

• 새 원소표

이렇게 라부아지에는 새로운 원소표를 제출했는데 물론 이때도 라부아지에가 새 원소를 발견한 것은 아니었다. "오늘까지 알려진 방법으로 그 이상 다른 물질로 분해되지 않는 것을 원소라 하였다."(내일 새로운 방법이 발명되어 어제까지의 원소가 내일 분해되면, 내일부터는 이것을 원소라고 부르지 않는다.) 라부아지에는 자기의 새 원소표를 아래와 같이 발표했다. 세 가지 계(동물, 식물, 광물)에 속하고 모든 물체의 원소라고 볼 수 있는 단체로 산소, 질소, 수소 외에 빛과 열소(熱素)가 있고, 산화되어 산성화될 수 있는 비금속성 단체로는 황, 인, 탄소, 염산근(根, 基), 플루오르산근, 붕산근이 있다. 또 산화되어 염기성화될 수 있는 금속성 단체로는 안티모니, 은, 비소, 비스무트, 코발트, 구리, 상납, 철, 망간, 수은, 몰리브덴, 니켈, 금, 백금, 납, 텅스텐, 아연 등이 있고, 염이 될 수 있는 토류(土類)인 단체로는 석회토(생석회), 구토(마그네시아), 중토(바라이트), 반토(알루미나), 규토(실리카) 등이 있다.

라부아지에의 이 정의는 제창된 이후 19세기 말까지 100년 동안,

	Noms nouveaux.	Noms anciens correspondans.
Substances simples qui appartiennent aux trois règnes & qu'on peut regarder comme les élémens des corps.	Lumière.........	Lumière.
	Calorique........	Chaleur. Principe de la chaleur. Fluide igné. Feu. Matière du feu & de la chaleur.
	Oxygène.........	Air déphlogistiqué. Air empiréal. Air vital. Base de l'air vital.
	Azote...........	Gaz phlogistiqué. Mofete. Base de la mofete.
	Hydrogène.......	Gaz inflammable. Base du gaz inflammable.
Substances simples non métalliques oxidables & acidifiables.	Soufre..........	Soufre.
	Phosphore.......	Phosphore.
	Carbone.........	Charbon pur.
	Radical muriatique.	Inconnu.
	Radical fluorique.	Inconnu.
	Radical boracique.	Inconnu.
Substances simples métalliques oxidables & acidifiables.	Antimoine.......	Antimoine.
	Argent..........	Argent.
	Arsenic.........	Arsenic.
	Bismuth........	Bismuth.
	Cobolt..........	Cobolt.
	Cuivre..........	Cuivre.
	Etain...........	Etain.
	Fer.............	Fer.
	Manganèse......	Manganèse.
	Mercure........	Mercure.
	Molybdène......	Molybdène.
	Nickel..........	Nickel.
	Or..............	Or.
	Platine.........	Platine.
	Plomb..........	Plomb.
	Tungstène......	Tungstène.
	Zinc............	Zinc.
Substances simples salifiables terreuses.	Chaux..........	Terre calcaire, chaux.
	Magnésie.......	Magnésie, base du sel d'Epsom.
	Baryte..........	Barote, terre pesante.
	Alumine........	Argile, terre de l'alun, base de l'alun.
	Silice...........	Terre siliceuse, terre vitrifiable.

① 삼계(동, 식, 광)에 속하고 모든 물체의 원소라고 볼 수 있는 단체=빛, 열소, 산소, 질소, 수소
② 산화되어 산성화될 수 있는 비금속성의 단체=황, 인, 탄소, 염산근, 플르오르산근, 붕산근
③ 산화되어 염기성화될 수 있는 금속성의 단체=안티모니, 은, 비소, 비스무트, 코발트, 구리, 주석, 철, 망간, 수은, 몰리브덴, 니켈, 금, 백금, 납, 텅스텐, 아연
④ 염이 될 수 있는 토류인 단체=석회토(생석회), 구토(마그네시아), 중토(바라이트), 반토(알루미나), 규토(실리카)

6-9 | 라부아지에의 원소

화학계에서 널리 채용되었다. 광(光)과 열소는 에너지의 한 형태라는 사실이 밝혀지면서 원소로부터 제외되었지만 이 정의에 적합한 물질이 계속 발견되면서 원소의 수는 점차 증가했다. 또한 화학 분석기술의 발전에 따라 염이 될 수 있는 토류인 단체는 분해될 수 있으므로 원소에서 제외되었다.

그러나 19세기 말에 방사성 원소의 발견으로 인해 라부아지에의 원소 정의는 더 이상 타당하지 않게 되었다. 그러므로 원소는 '분해되지 않는 마지막 궁극항(窮極項)'이 아니라 '동종(同種)의 원자로 이루어진 물질'임이 명백해졌다. 라부아지에뿐 아니라 그 이전의 학자도 모두 원소(元素, element)라는 개념을 단체(單体, simple substance)와 혼동해 사용했으나, 원소의 개념은 돌턴(7장) 시대에서야 비로소 구체화되었다.

라부아지에의 애석한 과오

지금까지 살펴본 라부아지에의 눈부신 업적을 통해 우리는 라부아지에를 '근대 화학의 아버지'라고 부를 만큼 화학에 대한 그의 공헌을 높이 평가한다. 그러나 여기서 우리는 라부아지에의 성격적인 한 가지 결점을 살펴보며, 그에 대한 안타까움을 느끼게 된다.

프리스틀리가 산소를 발견하고 이를 '탈플로지스톤 공기'라고 한 것은 1775년 3월 15일이었다. 라부아지에는 확실히 이 논문을 읽은 후,

같은 해 4월에 자신의 논문을 발표했다.

그러나 그는 양심적으로 프리스틀리에게서 들었던 '수은재 사용'의 단서를 솔직하게 말하지 않은 채, 자신도 산소의 독립적인 발견자라는 권리만을 주장했다. 프리스틀리 자신은 이 실험의 중요성을 정확히 인식하지 못했으나, 이를 올바르게 이해한 것은 라부아지에였기에 그의 공적이 크다고 할 수 있다.

그러나 산소를 최초로 발견한 것은 엄연히 프리스틀리였다. 원소 발견자가 되기를 바랐던 라부아지에는 물론 초조했겠지만, 그럼에도 자신이 산소 발견자라고 주장한 것은 확실히 크나큰 오점으로 남을 실수였다고 할 수 있다.

또한 캐번디시는 1781년 '가연성 공기(수소)'와 보통 공기 또는 '탈플로지스톤 공기(산소)'와의 혼합물에 전기불꽃을 일으켜 물이 생성되는 것을 발견했다. 이 사실은 캐번디시의 조교인 블랙던(Blagden)이 1783년 6월 파리를 방문했을 때, 라부아지에에게 전해졌다.

그 후 11월에 라부아지에는 이 실험을 다시 해 보고 그 사실을 확인한 다음, 마치 자신이 처음으로 이 실험을 한 것처럼 발표했다.

블랙던은 이러한 라부아지에의 비윤리적인 처사에 화가 치밀어 이 사실을 캐번디시의 논문에 삽입해 세상에 공포했다. 라부아지에는 산소 때처럼 또 한 번 자신의 인격에 오점을 남기게 되었으니, 이는 참으로 애석한 일이었다.

라부아지에의 사형 집행

1794년 5월 7일 프랑스 혁명재판소는 28명의 징세조합원 전원에게 유죄 판결을 내렸다. 라부아지에에 대한 죄목은 군인에게 배급하는 군용 담배에 물을 섞었다는 것이었다. 라부아지에의 머리 위에는 사형이 선고되었으며, 그것도 24시간 안에 형을 집행하라는 명령이 떨어졌다.

1794년 5월 8일 아침, 파리 혁명 광장의 단두대(guillotine)에는 28명의 징세조합원이 차례로 올라섰다. 세 번째로 처형된 사람이 라부아지에의 장인이었으며, 라부아지에는 이 광경을 자기 눈으로 똑똑히 본 다음, 네 번째로 단두대 위에서 태연히 자신의 50년 8개월의 생을 마쳤다. 그의 젊고 아름다운 부인은 남편의 유해를 마들렌(Madeleine) 묘지에 쓸쓸하게 묻어 주었다.

라부아지에의 비극적인 죽음 슬픈 소식을 들은 대수학자인 라그랑지(J. L. Lagrange, 1736~1813년)는 슬픔과 놀라움과 분함을 참지 못하며 다음과 같이 말했다.

"라부아지에의 머리를 자르는 데는 한순간이면 충분했지만, 인류가 이런 두뇌를 다시 만들려면 1세기 이상이 필요할 것이다"라고. 100년이 지나도 이와 같은 천재가 다시 나타나지 않을 것이라는 라그랑지의 탄식은 진실이었다.

비굴하고도 뼈아픈 화학사의 오점

라부아지에가 사형을 당한 후, 그의 시신을 앞에 놓고 기막힌 장례식이 거행되었다. 그의 영전에 조사를 위선의 눈물과 함께 바친 사람이 있었으니 바로 라부아지에를 죽이도록 운동하고 다녔던 푸르크루아였다. 그는 뒤에서는 온갖 모략과 갖가지 수단으로 라부아지에를 죽이도록 꾸며 놓고, 겉으로는 마치 그를 가장 사랑하고 아껴준 사람처럼 슬픔에 잠겨 칭송 어린 조사를 읽었다. 푸르크루아의 이러한 표리부동한 행동에 후세 사람들은 분노를 참지 못하고 그에게 혹독한 비난을 퍼부었다. 고금의 화학사에서 이처럼 비굴하고도 구역질 나는 역사는 그리 쉽게 찾아보기 어려운 일일 것이다.

6-10 | 푸르크루아와 그의 자필

영광

라부아지에는 떠났지만, 그의 아름다운 부인은 남편과 함께 사형장의 이슬로 사라진 친정아버지의 죽음이라는 참지 못할 이중 고통을 견디며, 남편이 남긴 논문을 정리했다. 그리고 1792년에 『화학보고』(mémoire de Chimie)를 발간했다. 그런 폭풍이 지나가고, 1795년 10월 22일에는 라부아지에의 추도회가 성대히 거행되었다. 또한 1861년 프랑스 정부는 정부 자금으로 라부아지에의 업적을 편집해 출판하도록 했다.

6-11 | 라부아지에의 기념 우표

그 후 프랑스 정부는 라부아지에의 기념 우표와 동상을 제작했으며, 그의 탄생 200주년을 기념하는 메달까지 만들었다. 오늘날 파리 마들렌 광장에 우뚝 솟은 라부아지에의 동상은 그의 지난 날의 배신당한 죽음의 역사를 알고 있는 나그네의 분노에 한층 더 불을 뿜어 주는 화신처럼 하늘 높이 솟아 있다.

6-12 | 라부아지에의 탄생 200주년 기념 메달

7

존 돌턴

John Dalton
1766~1844년

돌턴은 1766년 9월 6일 영국 이글스필드(Eaglesfield)에서 태어나 1844년 7월 27일 영국의 맨체스터(Manchester)에서 세상을 떠났다.

소년 시절

돌턴의 아버지는 매우 가난한 직물공이었으며, 형제가 많아 어린 시절부터 어려운 가정환경에서 자랐다. 그러나 어머니 데보라(Deborah)는 정력이 왕성하고 활동적인 사람이었는데, 돌턴은 어머니의 성격을 닮아 누구보다도 모든 일에 잘 견디며 끈기 있게 행동하는 성향을 보였다. 어린 시절의 돌턴은 그렇게 머리가 뛰어난 수재형은 아니었으나 단지 근면하고 인내심이 강한 사람이었다.

돌턴 가족은 영국의 비국교파(非國敎派) 중에서도 규율이 가장 엄격한 퀘이커(Quaker) 교도였으므로 돌턴도 평생 이 종파에 속해 있었다. 그가 받은 유일한 학교교육은 마을의 국민학교뿐이었다. 이후 그는 과학적 학식을 지닌 퀘이커 교도인 로빈슨(Robinson)에게서 수학을 배웠고, 로빈슨과는 인물과 생애를 통해 선배로서의 교제를 이어갔다. 로빈슨은 기상학(氣象學)에 능통했고, 기계류를 손수 만들기도 했다. 돌턴은 그의 영향을 받아 기상학에 흥미를 가지게 되었다.

돌턴은 열두 살에 퀘이커 교도가 운영하는 국민학교의 교장이 되었으며, 열다섯 살에는 켄달이라는 곳에서 역시 퀘이커 교도가 운영하는 학교를 경영했다. 이때 수학, 라틴어, 그리스어, 프랑스어 등을 독학으로 공부했다. 또한 그는 이 시기에 다양한 과학연구를 수행했으며, 매일 온도, 기압, 강수량 등의 기상학적 관측을 손수 만든 기구로 측정했다. 이러한 관측 기록은 그가 생을 마감할 때까지 하루도 빠뜨리지 않았다고 전해진다. 돌턴의 연구는 화학, 물리학, 식물학, 곤충학, 수학 등 다양한 분야에 걸쳐 이루어졌으며, 그는 학문의 여러 방면에서 깊이 있는 연구를 지속했다.

생애

1793년부터 돌턴은 맨체스터의 한 대학에서 수학, 과학, 철학을 강의했는데, 라부아지에의 『화학 요강』으로 화학 강의도 진행했다. 같은 해 그는 『기상관측과 기상론』을 저술하여 기상학의 개척자 중 한 사람으로 평가받았다.

1794년에는 맨체스터의 '문학과 철학 협회'에 회원으로 가입했고

1800년에는 서기, 1808년에는 부회장으로 활동했다. 이후 1817년 회장으로 선출된 그는 1844년 사망할 때까지 회장직을 맡으며 학회 발전에 기여했다.

• **돌턴과 기상학**

돌턴은 기상학 연구 결과를 통해 부수적으로 화학의 유명한 법칙을 발견하게 되었다. 그에게 기상학은 가장 큰 연구 분야였다. 그는 날마다 날씨와 기상 변화를 기록했는데, 이 기록은 1777년부터 죽기 전까지 계속되었다. 이 기온의 측정이 얼마나 규칙적이었는지 꼭 시계처럼 움직였다고 한다. 그의 연구실 근처에 살던 부인들은 돌턴이 기온을 잴 때 자신의 시계를 맞추기도 했다. 돌턴은 휴일마다 호수 지방으로 가서 자신이 만든 기구류를 휴대하고 산으로 올라갔다. 산 위의 공기와 지상의 공기와의 차이를 연구하기 위해서였다.

돌턴은 기상을 전문적으로 연구하고 있었으나 공기와 일반적 기체에 대한 연구로 나아갔다. 그는 기체의 용해도에서 힌트를 얻어 원자설과 배수 비례의 법칙 등 중요한 법칙을 발견하게 되었다.

• **돌토니즘(Daltonism)**

돌턴은 아주 심한 색맹이었다. 붉은빛이 돌턴에게는 늘 녹색으로 보였다. 그러므로 오늘날 색맹을 돌토니즘(daltonism)이라고 부르기도 한다. 1832년에 돌턴은 영국 옥스퍼드 대학교에서 박사 학위를 받게 되었는데, 당시 영국 국왕 윌리엄 4세를 알현해야 했다. 왕을 알현하기 위한 정식 예복이 없다는 이유로 박사 학위 수여를 거절했다. 결국 옥스퍼드 대학교의 졸업식 학위 예복을 착용하는 것으로 허락을 받았다.

그러나 옥스퍼드 대학교의 학위 예복이 붉은색이었는데, 퀘이커 교도는 붉은색 옷을 입는 것이 금지되어 있었으므로 주위 사람들은 돌턴이 이를 거부할까 봐 걱정했다. 그런데 다행히도 돌턴은 적색 색맹이었으므로 모든 일이 잘되었다. 옥스퍼드 대학교의 붉은 예복을 입은 돌턴에게는 예복이 붉은색이 아니라 녹색으로 보였기 때문이다. 실제로 돌턴은 붉은색 예복을 입고 왕을 알현했음에도, 끝까지 이를 녹색으로 인식하고 있었으며, 퀘이커 교도로서도 아무런 갈등을 느끼지 않았다. 그 후에야 비로소 자신이 색맹이라는 사실을 깨닫게 되었다.

• **성격**

돌턴은 개인 교수직을 통해 얻은 약간의 수입으로 매우 검소한 생활을 했다. 1837년에 '중풍'에 걸려 그 후 회복되었지만 전과 같이 건강하지는 못했다. 그는 완전한 금주가는 아니었으나 늘 음식을 절제했으며, 담배를 대단히 좋아해 항상 파이프를 물고 있었다. 매주 목요일엔 볼링을 즐겼으나 다른 날엔 실험실에서 실험을 하고, 밤 9시가 되면 반드시 집으로 돌아갔다.

돌턴은 평생 독신으로 지냈다. 셸레는 죽기 이틀 전에 결혼했으나 보일이나 캐번디시도 평생 독신으로 지냈다고 전해진다. 돌턴 또한 한 평생을 결혼하지 않고 지냈다.

그는 매우 신중하고 근면한 노력형 인물로, 독립심이 강해 다른 사람의 업적을 액면 그대로 믿지 않았다. 또한 책을 많이 가지고 있지 않았으며, 세상 사람들의 논평에도 관심이 없었고 아주 소탈하게 살았다.

원자설

"물질은 모두 원자로 이루어져 있으며, 원자는 그 이상 쪼개지지 않는다. 모든 물질 변화는 원자의 결합과 분리에 의한 것이며 원자는 새로 생기거나 없어지지 않는다"라는 원자론이 1803년 돌턴에 의해 확립되었다.

이런 원자론은 돌턴보다 훨씬 이전인 기원전 5세기의 그리스 아테네에서 완성되었다. 데모크리토스도 원자론을 주장했지만 돌턴의 원자론과는 어떻게 구별될까? 데모크리토스는 아무것도 없는 공간(眞空)과 '원자'를 실험으로는 증명할 수 없었다. 물론 그 당시엔 아직도 진공이 발견되지도 않았고 원자도 실증적으로 증명할 근거가 없었다. 그러므로 데모크리토스의 원자론은 '공상적인 원자론'이라고 할 수 있다.

그러나 돌턴 시대에 이르러 이미 진공이 발견되어 증명되었지만, 여전히 원자를 실증적으로 증명할 수는 없었다. 여기서 돌턴은 간접적인 증거로 이 입자를 입증해 보였으므로, 돌턴의 원자론은 데모크리토스의 원자론과는 구별된다. 돌턴의 원자론에는 전혀 새로운 '원자량'이라는 개념이 있었는데 볼 수도 없고, 잡을 수도 없는 원자라는 입자의 무게를 결정하려는 놀랄 만한 생각을 한 것이다.

원자론의 간접적 증명

눈에 보이지 않는 '원자'라는 입자가 존재한다는 생각을 지지한 간접적인 증거로 다음 세 가지를 들 수 있다.

① 돌턴보다 한 세기 앞서 제시된 '보일의 법칙'이 있다. 기체의 압력을 2배로 하면 그 기체의 부피는 1/2로 감소된다는 것인데 왜 그렇게 될까? 이것은 하나하나의 원자 입자가 자유로이 운동하고 있다고 생각하면 쉽게 해결된다. 입자가 운동해 그릇 면에 충돌하면 압력이 생기게 된다. 간격이 반(1/2)으로 되면 충돌 횟수가 2배로 되고 압력이 2배로 되는 것이다. 이것은 원자 입자가 있다는 간접적인 증거가 될 수 있다.

② 다음은 돌턴과 거의 같은 시대의 프랑스인 프루스트(J.L.Proust, 1754~1826년)가 제안한 '정비례의 법칙'이다. 프루스트는 1799년 '화합물의 성분 원소의 무게비는 일정하다'는 법칙을 제시했다. 예를 들어, 탄산구리는 실험실에서 어떤 방법으로 제조하든지, 또 천연에서 얻든

7-1 | 프루스트   7-2 | 베르톨레

지, 일정한 중량비의 구리, 탄소, 산소를 포함한다고 보았다. 그것은 반드시 탄소 1, 구리 5, 산소 4의 비율이었다. 프루스트는 다른 많은 화합물에서도 똑같고, 모든 화합물은 제조법의 조건에 관계 없이 어떤 일정한 비율로 결합한다고 주장했다. 이를 통해 정비례 법칙을 확립했다.

이 법칙에 대해 프랑스의 화학자 베르톨레(Claude Louis Berthollet, 1748~1822년)가 맹렬히 반대하고 나섰다. 베르톨레는 물질을 만드는 방법에 따라 그 조성이 달라질 수 있다며, 프루스트의 정비례 법칙을 반대했다. 예를 들어, 철(Fe)과 산소(O)가 결합할 때 철과 산소의 양은 항상 일정하지 않다고 주장했다. 이와 같은 두 사람의 싸움은 무려 8년 동안 오랜 세월을 두고 계속되었지만 결국 프루스트의 승리로 끝났다. 베르톨레는 철과 산소의 화합물이 한 가지가 아니라 몇 가지가 있다는 사실을 오해했다. 하지만 각 화합물 하나하나는 역시 철과 산소의 화합비가 언제나 일정하다. 예를 들어, 철과 산소의 화합물에는 산화제일철(FeO), 산화제이철(Fe_2O_3), 삼산화철(Fe_3O_4) 등이 있지만, 각 물질 그 자체는 언제든지 일정한 비율로 결합되는 것이다. 그러므로 '화합비가 일정한 것을 화합물'이라고 부른다. 이 법칙이 성립하는 이유는 원자의 존재를 간접적으로 증명해 주기 때문이다.

③ 돌턴이 1803년에 제출한 '배수 비례의 법칙'이다. A원소가 B원소와 화합해 몇 종류의 화합물을 만들 때 A원소의 일정량과 화합하는 B원소의 양 사이에는 서로 간단한 정수비가 성립된다. 이것이 말하자면 배수 비례의 법칙이다. 예를 들어 수소와 탄소의 화합물에 메탄(CH_4)과 에틸렌(C_2H_4)이 있는데, 메탄에서는 1g의 수소에 3g의 탄소가 화합해 있고, 에틸렌에서는 수소 1g에 6g의 탄소가 화합하여 3g:6g=1:2라는 정수비가 성립된다. 왜 1g의 수소에 4g이나 5g의 탄소가 화합하지 않고 3g 다음엔 곧바로 6g이 되는 걸까? 이것도 '더 이상 쪼개지지 않는 일정한 무게를 가진 작은 입자'를 생각하면 쉽게 알 수 있다.

이와 같은 세 가지 간접적 증거로 돌턴의 원자설이 확립될 수 있었다.

과학 탐구의 두 가지 방법

과학에서 '법칙'이란 많은 실험과 관찰의 값으로부터 공통 요소를 발견해 정리한 것을 의미한다. 예를 들어, 염산에 푸른 리트머스 시험지를 넣어보면 붉게 변한다. 이는 황산이나 초산에도 모두 똑같은 실험 결과가 생기므로 '모든 산은 푸른 리트머스를 붉게 한다'는 법칙이 생긴 것이다. 이처럼 구체적

7-3 | 베르셀리우스

인 사실로부터 공통된 원리 법칙으로 연구를 진행하는 방법을 귀납법(歸納法, inductive method)이라 한다.

이것과 반대 방향으로 연구를 진행하는 방법을 연역법(演繹法, deductive method)이라 한다.

돌턴은 배수 비례의 법칙을 발견하면서도 이를 별도의 법칙으로 제창하지는 않았다. 원자설의 내용이 거의 정리되었을 때 그는 이 이론에서 생기는 필연적 결과로서 배수 비례 관계의 성립을 생각했다. 돌턴은 실험적 증명 이전에 이론적 필연 사실로 배수 비례 관계를 생각했다. 돌턴은 겨우 메탄과 에틸렌, 그 밖의 몇 가지 사례를 통해 배수 비례의 관계를 연역법적으로 발견한 것이다.

귀납법적으로 생각해 보면 '많은 화합물의 분석-배수 비례의 법칙', '정비례의 법칙 또는 질량보존의 법칙-원자의 존재 확정'이라는 방향으로 가겠지만, 돌턴은 정반대로 원자설을 먼저 제창하고, 그로부터 배수 비례의 법칙을 확인해 나가는 연역법을 채택한 것이다.

돌턴이 배수 비례의 법칙을 제안한 것은, 자신이 실험을 많이 하여 그 공통점으로부터 귀납법적으로 법칙을 발견한 것은 아니었다. 오히려 이 법칙을 실험적으로 증명한 것은 스웨덴의 화학자 베르셀리우스(J. J. Berzelius, 1779~1848년)였다. 그는 1808년부터 1812년까지 거의 초인간적이라고 할 정도로 숱한 화합물을 분석해 배수 비례의 법칙을 확인했던 것이다. 즉, 배수 비례의 법칙을 증명한 사람은 베르셀리우스이며, 돌턴은 실질적으로 행운아였다고 말할 수 있다. 돌턴은 베르셀리우스라는 화학자 때문에 원자론을 확고히 굳혔으므로 돌턴의 원자론을 이야기할 때는 언제나 그 뒤에 베르셀리우스와 같은 실험 화학자가 있었음을 기억해야 한다.

원자량

돌턴의 원자론이 데모크리토스의 원자론과 다른 점은 앞서 설명한 바와 같이 원자량이라는 개념을 도입한 것이다. 돌턴이 이렇게 원자량이라는 개념을 가지게 된 경로는 프루스트의 정비례 법칙과 자신이 발견한 배수 비례의 법칙을 이론적으로 설명하기 위해 원자량을 생각해 냈다는 것이다. 또 다른 경로는 여러 가지 물에 대한 용해도를 연구할 때 원자량의 개념을 생각해 냈다는 설이다. 물에 대한 많은 기체의 용해도는 각 기체 원자의 원자량에 비례할 것이라고 예측하고 원자량표를 만들었다.

7-4 | 원자량표를 보여주며 강의하는 돌턴

물론 원자 하나하나를 꺼내 그 무게를 측정한 것은 아니고, 어떤 원소와 다른 원소와의 무게의 비교로부터 원자의 무게의 비교값(상대적인 무게)을 생각한 것이다. 이때 돌턴은 비교의 기준으로 수소 원자를 채택하고 그 무게를 1이라고 했다.

예를 들어, 질소의 원자량이 14라는 것은 질소 원자의 무게가 수소 원자의 무게보다 14배 크다는 뜻이지, 결코 질소 원자 1개의 무게가 14라는 의미는 아니다. 이러한 '비교값', 즉 '상대적인 무게'라는 개념은 참으로 새로운 아이디어였다.

돌턴의 잘못된 단순 법칙

돌턴은 원소들이 항상 가장 간단한 단순 원칙에 의해 이루어진다고 생각했다. 그러므로 두 개의 원소(A와 B)가 한 종류의 화합물을 만들 때는 A의 1원자와 B의 1원자로 이루어진 이원화합물이라 생각하고 AB가 된다고 생각했다. 두 종류의 화합물을 형성할 때는 A_2B 또는 AB_2 같은 삼원화합물을 만든다고 생각했다.

물을 분석한 결과, 산소의 무게는 수소의 8배였다. 돌턴은 물을 이원화합물(HO)로 생각했다(그 당시에는 과산화수소 H_2O_2는 알려져 있지 않았다). 만일 물이 HO라면 산소의 원자량은 수소의 8배가 되는데 돌턴은 수소의 원자량을 1로 정했으므로 산소의 원자량은 8이 된다. 만일 물을 H_2O라 하면 산소의 원자량은 16이 되어야 한다. 돌턴이 전자인 HO를 채택했으므로 돌턴의 산소 원자량은 8이 되었다. 이것은 돌턴의 오류였는데, 이는 돌턴이 화합물의 단순 법칙을 생각했기 때문이다.

그러나 시간이 지나면서 돌턴의 원자량이 잘못되었음이 점차 밝혀졌으며, 특히 물에서 HO가 아니라는 사실이 알려지면서 돌턴의 원자량이 불완전한 것임이 확인되었다. 원자량은 그 후 벨기에의 화학자 스타스(J. S. Stas, 1813~1891년)에 의해 산소 원자 1개를 16으로 기준해 비교값을 구했고, 1961년에는 IUPAC(International Union of Pure and Applied Chemistry)에서 탄소의 동위체 ^{12}C의 원자량을 12,000으로 결정해 이것을 새로운 기준으로 개정했다. 오늘날에도 이 기준이 사용되고 있다.

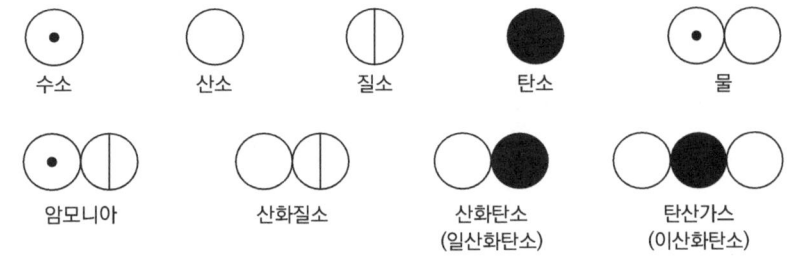

7-5 | 돌턴의 기호

원소기호

돌턴은 연구 초기에는 원소와 화합물을 표현하기 위해 독특한 기호를 사용했다. 그가 만든 원소기호는 대부분 둥근 원형(圓形)으로 정리해 만들었는데 매우 불편했다. 결국 돌턴의 원소기호까지도 베르셀리우스가 고안한 실용적인 기호 체계로 흡수되어 사라지고 말았다.

베르셀리우스는 1813년에 화학기호를 발표했다. 그는 화학기호에 돌턴이 사용한 둥근 원형 그림 대신 문자를 사용할 것을 제안했으며, 이 문자는 라틴어 이름의 첫 글자를 따르도록 했다. 만약 동일한 문자가 겹칠 경우, 공통이 아닌 최초의 문자 하나를 머리글자에 보탠다.

예를 들면 다음과 같다.

S ······ 황(sulphur)　　　　Si ······ 규소(silicium)

Sn ······ 주석(stannum)　　C ······ 탄소(carbonicum)

Co ······ 코발트(cobotum)　Cu ······ 구리(cuprum)

O ······ 산소(oxygen)　　　Os ······ 오스뮴(osmium)

원소와 원자

라부아지에는 일찍이 33종류의 원소를 제출했는데, 돌턴은 라부아지에가 제출한 원소의 종류만큼 원자의 종류가 존재한다고 보았다. 즉, 원자는 '원소의 작은 입자'라는 것이다. 돌턴은 원소(element)라는 개념을 원자(atom)와 같이 생각했다. 그러므로 모든 물질의 구성 요소는 궁극적으로 입자에 지나지 않는다. 돌턴은 원자의 존재를 확신했으므로 원소의 개념을 구체적으로 취급했다.

원자론을 뒷받침한 기체 반응의 법칙

'질소와 산소로부터 일산화질소가 생긴다'는 문장 대신, 화학기호로 대신 표시하면 질소는 N, 산소는 O, 일산화질소는 NO이므로 다음과 같이 표시할 수 있다.

$$N + O \rightarrow NO$$
질소　산소　일산화질소

그런데 물질은 모두 원자로부터 되어 있다는 돌턴의 원자설을 사용하여 이 식을 입자로 바꿔 다음과 같이 표시할 수도 있다.

● + ○ → ●○
질소　산소　일산화질소

이렇게 표시하면 '질소 원자 1개와 산소 원자 1개로부터 일산화질소의 복합원자 1개가 생긴다'고 그 개수까지 나타낼 수 있다(돌턴은 분자 대신 복합원자라는 말을 사용했다).

그러나 실제로 '질소 원자 1개와 산소 원자 1개로부터 일산화질소 1개가 생긴다'는 것을 증명하지 않으면 믿을 수가 없는 일이다. 그렇지만 원자는 눈에 보이지 않으므로 직접적으로 그 개수를 확인할 수 없다. 따라서 이는 간접적인 증거를 통해서만 확인할 수밖에 없다.

돌턴이 원자설을 발표한 후 몇 해가 지난 1808년에 프랑스의 화학자 게이뤼삭(J.L. Gay-Lussac, 1778~1850년)은 다음과 같은 법칙을 제출했다. 기체들이 반응해 새로운 기체를 형성할 때, 반응하는 기체와 새로 생긴 기체의 부피 사이에는 간단한 정수비(整數比)가 성립한다는 법칙, 즉 '기체 반응의 법칙'을 발표했다.

여기서 정수비란 배수 비례의 법칙에서도 그렇듯이, 예를 들어

(1:1.35)나 (2:3.4:5.7)처럼 소수점을 가진 부피의 비로서 반응하거나 생성되는 것이 아니라, (1:1)이나 (2:3)과 같이 간단한 정수비로 이루어진다는 것을 의미한다. 따라서 이 법칙 역시 원자와 관계있다.

그런데 일산화질소가 생기는 반응에서는 질소:산소:일산화질소=1:1:2라는 부피비가 성립함이 실험을 통해 확인되었다. 그러므로 이는 틀림없이 질소 원자 1개와 산소 원자 1개로부터 일산화질소의 복합원자(분자를 뜻함) 2개가 생기는 것이라고 가정할 수 있다(설명상 ●를 질소라고 표시해 보았다).

여기서 게이뤼삭은 돌턴의 원자설을 뒷받침하기 위해 노력하며 자신의 기체 반응의 법칙을 원자설로 설명하려 했지만 하나의 곤란한 문제에 봉착했다. 일산화질소에서는 질소 1/2개와 산소 1/2개가 결합하게 되는 모순을 보았다.

게이뤼삭은 산소와 수소가 반응해 물(수증기)이 생기는 반응도 주의 깊게 조사해 보았는데 이때도 산소:수소:수증기=1:2:2라는 간단한 정수비가 성립되는 것을 확인했다. 이에 따라 그는 다시 다음과 같이 반응을 표시해 보았다(이번에는 설명을 위해 ●를 수소로 표시했다).

여기서도 게이뤼삭은 1:2:2의 정수비를 얻기 위해 어쩔 수 없이 산소 원자를 1/2로 쪼갤 수밖에 없었다.

그러나 이것은 돌턴의 원자설에 위반되는 이야기였다. 그러므로 게이뤼삭은 돌턴에게 원자설을 수정하라고 충고했다. 그러나 돌턴은 이 같은 충고를 거절하며 자신의 원자설이 정당하므로 원자는 결코 반쪽으로 쪼개지지 않는다고 주장했다.

그렇다면 이 두 학설 중 어느 하나는 틀린 걸까? 이 두 학설이 모두 정당하게 성립되도록 해결해 준 학자가 나타났다.

아보가드로의 분자설

원자가 반쪽으로 쪼개지지 않고 기체 반응의 법칙이 성립하려면 원자의 수를 2배로 설정하면 된다.

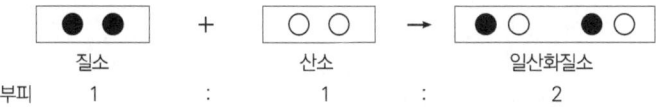

사실은 2배가 아니더라도 4배나 6배라도 되지만 간단한 것을 취해 2배로 한 것이다.

1811년 이탈리아의 아보가드로 (Amedeo Avogadro, 1776~1856년)는 이러한 생각을 살려 '기체의 분자수는 압력과 온도가 같을 때 같은 부피 중에서는 같다'는 아보가드로의 분자설을 발표했다.

7-7 | 아보가드로

●●는 질소 분자(N_2), ○○는 산소 분자(O_2)이며 ○●는 일산화질소의 분자(NO)를 뜻하는데, 분자란 이처럼 복수의 원자가 그룹을 이루는 입자이다. 질소와 산소의 분자는 같은 종류의 원자 그룹이며, 일산화질소 분자는 다른 종류의 원자 그룹(돌턴은 이를 복합원소라고 불렀다)이다.

그러므로 부피비가 1:1:2이면 분자수의 비도 1:1:2가 된다(온도와 압력이 같을 때). 이와 같은 분자 개념을 바탕으로 앞서의 반응을 화학식으로 쓰면 다음과 같다.

$$N_2 + O_2 \rightarrow 2NO$$

	질소 분자	산소 분자	일산화질소
분자수:	1 :	1 :	2

그러므로 수증기가 생기는 반응도 다음과 같이 쓸 수 있다.

$$O_2 + 2H_2 \rightarrow 2H_2O$$

산소 분자 　 수소 분자 　 수증기 분자
분자수 :　1　:　　2　　:　　2

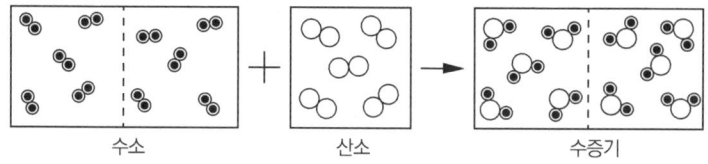

수소　　　　　산소　　　　　수증기

카니자로의 공헌

이처럼 훌륭한 아보가드로의 분자설도 당시에는 무시되어 약 50년 동안이나 햇빛을 보지 못한 채 암흑 속에 묻혀 있었다.

그러던 중, 1858년 아보가드로의 제자인 카니자로(S. Camizzaro, 1826~1910년)에 의해 아보가드로 법칙이 다시 부활되었다. 1860년 9월 3일부터 5일까지 독일 카를스루에에서 개최된 제1회 세계 화학자 대회에서 카니자로는 원자량을 측정할

7-8 | 카니자로

때 스승인 아보가드로의 법칙을 이용해야 한다고 역설했다. 이로 인해 아보가드로의 분자설이 다시 인정받게 되었고, 카니자로 또한 학계의 주목을 받았다.

• 원자량 결정의 최대공약수법

카니자로는 수소 원자를 1로 정하는 최대공약수법으로 원자량 결정법을 제창했다. 예를 들어, 수소와 염소로 이루어진 염화수소를 사용해 수소에 대한 비중을 달아 18.25라는 값을 얻었다. 아보가드로 법칙에 따르면, 수소와 염화수소의 분자수는 같으므로, 수소의 분자량을 1이라 하면 염화수소의 원자량은 18.25가 된다. 분자량의 단위로 수소 분자를 취한 것은 전혀 편의적인 것에 지나지 않으므로, 앞으로 수소 분자의 반을 단위로 하면 수소의 분자량은 2가 되고 염화수소의 분자량은 $18.25 \times 2 = 36.5$가 된다. 다음으로 염화수소를 정량 분석하여 그 속에 포함된 염소와 수소의 무게(%)를 산출한다. 그 결과는 염소 97.26%, 수소 2.74%였다. ∴염소=$36.5 \times 97.26/100 = 35.5$, 수소=$36.5 \times 2.74/100 = 1$과 같은 원자량을 얻을 수 있다.

수소를 포함한 기체상의 화합물을 많이 분석한 후, 수소의 원자량에 대한 최대공약수를 구하면 1이 된다. 수소의 원자량은 수소분자량을 2로 설정한 단위로 표시하면 1이 된다. 이를 통해 수소 분자는 2개의 수소 원자가 결합한 것이라는 결론을 얻을 수 있고 아보가드로 법칙을 증명한 셈이 된다.

돌턴의 최후

1844년 7월 26일, 당시 78세였던 돌턴은 해질 무렵 평소와 같이 그 날의 기상 기록을 작성하려 했다. 그러나 이상하게도 손이 떨리는 것을 자각하고 곧바로 침실로 돌아가 자리에 누웠다. 다음 날 그는 의식을 잃었으며, 의사의 치료에도 불구하고 회복되지 못했다. 그리고 1844년 7월 27일 아침, 마치 아기가 잠들 듯 조용히 세상을 떠났다.

돌턴의 죽음은 맨체스터 시민에게 큰 충격을 주었다. 평생을 한 시민으로서 살아온 이 위대한 과학자의 장례를 시장(市葬)으로 치르기로 결정했다. 그의 유해는 시청사에 안치되었으며, 4만 명 이상의 시민들이 줄을 이어 유해 앞에서 머리 숙여 애도의 기도를 올렸다. 장례식은 8월 12일에 거행되었고 100대 이상의 마차가 줄을 이어 시청사로부터 아드윅(Ardwick) 묘지까지 길을 메웠다. 마차 뒤에는 수천 명의 시민들이 걸어서 뒤를 따랐다.

맨체스터시는 돌턴을 기념하기 위해 시청사 앞 상점가를 'John Dalton Street'로 명명하고, 시청 본관 정면 왼편에 돌턴의 대리석상까지 세웠다. 또 시립대학 Manchester Polytechnic의 공학부를 'John Dalton Faculty of Technology'라 부르기로 하고 그 앞에 돌턴의 동상을 세워 오늘날까지 이 고독한 학자를 기리고 있다.

8

험프리 데이비

Humphry Davy
1778~1829년

데이비는 영국의 펜잰스(Penzance)에서 1778년 12월 17일에 태어나 1829년 5월 29일 스위스의 제네바에서 생을 마감했다.

소년 시절

영국 남서부 광산지대에는 펜잰스라 불리는 작은 도시가 있었다. 어느 해 이 지역에 악성 유행병이 돌아 부모가 한꺼번에 세상을 떠나고 세 딸만 남겨진 한 가족이 있었다. 이 가족을 치료하던 주치의는 죽음 앞에서 신음하고 있는 어머니에게 "당신의 세 딸을 내가 맡아 양육하겠다"라고 약속하며 위로했다.

이 주치의는 곧 고아가 된 세 딸을 자신의 양녀로 삼아 길렀다. 세 아이가 장성한 후, 둘째 딸은 로버트 데이비(Robert Davy)라는 나무 조각가와 결혼했는데, 이 조각가의 장남이 바로 1778년 12월 17일에 태어난 험프리 데이비였다.

험프리 데이비는 어릴 때부터 개구쟁이였다. 그는 낚시를 좋아했으며, 공부나 일을 소홀히 한 채 불꽃놀이를 즐겼다. 또한 시(詩) 쓰기를 좋아해 친구들의 연애편지 따위를 대신 써주기도 했다. 낚시와 시 쓰기는 그가 생애 마지막까지 즐긴 취미였다.

데이비가 16세 때 아버지가 세상을 떠나자, 34세였던 데이비 어머니는 다섯 아이를 돌보면서 남편이 남긴 빚을 갚느라 허덕여야 했다. 펜잰스는 건강에 좋은 해안 지역으로, 당시 많은 사람들이 휴양을 위해 찾는 곳이었다. 데이비 어머니는 이러한 사람들을 상대로 잡화 장사를 하면서 생계를 꾸려 나갔다. 이 시기 데이비는 휴양을 위해 펜잰스에 머물고 있던 도회지 출신 대학생의 영향으로 차츰 과학에 대한 흥미를 가지게 되었다.

데이비는 펜잰스 중학교를 마치고, 1795년 2월부터 펜잰스의 의사 겸 약사였던 보르네스의 집에 고용되어 약품 취급 방법을 배웠다. 날마다 2시간씩 독서와 실험을 하며 기체와 일반 화학의 기초 지식을 독학했다. 때로는 위험한 실험을 시도해 집주인을 무척 걱정시키기도 했으나, 마침 옥스퍼드 대학교의 화학 교수인 베도스(Beddoes) 씨에게 소개되었다.

베도스는 기체의 의료적 작용을 연구하려고 영국 서해안의 브리스틀(Bristol)에 '의학 기체 연구소'를 설립해 데이비를 지배인으로 위촉했다. 이때가 1798년 데이비가 불과 20세 때였다.

생애

이 연구소에서 데이비는 열심히 연구해 드디어 1800년 산화질소(I) (N_2O, 笑氣)에 관한 논문을 발표하며 명성을 떨쳤다. 1801년 23세가 된 그는 유명한 '왕립연구소'의 강사로 임명되었고, 이듬해 1802년에는 교수로 승진해 이곳에서 본격적으로 전류 연구와 농업에 응용되는 화학 분야를 연구했다.

왕립연구소에서의 데이비의 강연

데이비는 왕립연구소에서 수많은 군중을 모아놓고 강연과 실험을 진행하며 화학 지식을 보급하는 데 힘썼다. 그의 강연은 당시 사회 각 계층의 흥미를 집중시켰다.

그 당시 런던에서는 남녀노소를 불문하고 데이비의 강연회에 참석하는 것이 하나의 유행이 되었다. 그의 강연은 거리에서 회자가 될 정도로 화제였으며, 특히 귀족층에서는 데이비의 강연 내용을 모임에서 주요 대화 주제로 삼을 정도였다. 부유층이나 귀족들은 앞다퉈 데이비를 자신들의 파티에 초대했다. 그도 이러한 사교 모임에 참석하는 것을 좋아했고, 사교계의 풍습을 익히려고 노력하기도 했다.

당시 데이비는 아침 10시부터 11시 사이에 실험실에 나타나서 4시까지 실험에 몰두했다. 오후 5시에 식사를 한 후에는 외출해 파티에 참석하거나 극장을 찾았으며, 그렇지 않은 날에는 집에서 소설 등을 읽고

8-1 | 데이비의 왕립연구소 강연

시를 쓰기도 했다.

비록 쉬는 시간이 많았지만, 데이비는 공개 강연 때는 세심한 주의를 기울였다. 강의 전날에는 반드시 조교 앞에서 예행연습을 하고, 강의 실험을 몇 번이고 되풀이하여 실수가 없게끔 주의를 기울였다. 그러므로 그의 강의는 높은 평가를 받았으며, 이러한 태도는 데이비의 뒤를 이어받은 역대의 교수들에게까지 계승되었다. 그 결과 왕립연구소의 공개 강연은 세계적으로 유명해졌다.

한 사람의 제자

1791년 9월 22일 영국 뉴잉턴(Newington)에서 한 대장장이의 셋째 아들로 태어난 몹시 가난한 아이가 있었다. 그는 매우 가난한 환경에서 자랐지만, 불평 없이 신문 배달을 하며 생활을 돕고 집에서 가정교육을 받았다. 이 소년이 바로 패러데이(Michael Faraday, 1781~1867년)였다. 그는 열세 살 때부터 리보(Riebau)라는 큰 책방의 제본소에서

8-2 | 패러데이

심부름을 하며 직공으로 일하기 시작했다.

1812년 봄에 이 책방의 단골손님에게 이끌려 왕립연구소에서 개최한 데이비의 강연을 들으려고 네 번이나 갔다. 청년 패러데이는 데이비의 강의와 그의 능숙한 실험에 도취하면서 한 자도 빠뜨리지 않고 모두 노트에 기록했다.

집에 돌아온 패러데이는 이 노트를 밤새 몇 번이고 되풀이해 읽고 혼자 무한히 흥분하곤 했다. 하루는 드디어 자기 일생을 데이비처럼 학술연구에 바치기로 결심했다. 그래서 패러데이는 데이비의 강의를 모조리 정리하고 몇 개의 그림까지 그려 넣은 다음 노트를 책으로 만들어

8-3 | 패러데이가 일하던 리보 책방

표지와 함께 데이비에게 보내고 자신을 조교로 채용해 달라고 청원했다. 이것이 바로 1812년 해가 저물 무렵이었다. 데이비로부터 한 장의 답장이 왔다. 한 번 면담하자는 것이었다. 이렇게 다음 해 1813년 봄에 패러데이는 왕립연구소의 데이비 조교로 채용되어 데이비에게 직접 지도를 받았다. 패러데이는 나중에 훌륭한 전기화학자가 되었는데 데이비의 큰 업적 중 하나는 패러데이를 조교로 채용해 제자로 길러낸 일이었다.

데이비, 생애 최고의 날

데이비는 그동안 전기에 관한 연구 결과를 발표하고, 알칼리 금속 원소와 알칼리 토금속 원소를 새로 발견했다. 『농예화학 원리』라는 저서를 출간하며 단번에 유명해졌다. 이러한 업적을 인정받아 데이비는 작위를 받게 되었다. 1812년 4월 8일, 웨스트민스터 사원 광장에는 많은 마차들이 모였고, 장엄한 음악 소리와 함께 영국 황태자가 나타났다. 황태자는 무릎을 꿇고 있는 데이비의 어깨 위에 금 빛깔이 찬란하게 장식된 칼을 올려놓고, "학술 발전에 끼친 그대의 공적은, 그대에게 경(卿, Sir)의 칭호를 받기에 합당하게 했다. 오늘부터 험프리 데이비(Sir Humphry Davy)여, 그대는 영국 왕국의 나이트(Knight)이다"라고 선언했다.

경(Sir)의 칭호를 받은 지 이틀 후, 33세의 데이비는 부유한 미망인 젠 에이프리스 부인과 결혼식을 올렸다. 그리고 몇 달 후에 신혼여행을 떠났다. 이때 그의 조교인 패러데이도 함께 떠났다. 데이비 부부의 유럽여행은 18개월 동

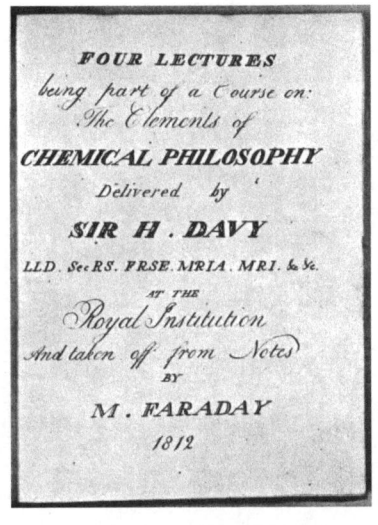

8-4 | 데이비의 강연을 모아 만든 패러데이 노트 책의 표지.

안 계속되었다. 그러나 영국으로 돌아왔을 때 탄광에서 끔찍한 참사가 일어났다는 뉴스를 듣게 되었다. 영국의 한 탄광에서 아주 큰 폭발이 일어나 수천 명의 광부가 목숨을 잃었으며, 온 국민이 이를 애도했다.

드디어 안전등의 발명

탄광 노무자 안전 보장 협회의 대표자들은 이 어려운 문제를 해결해 달라고 데이비에게 요청했고, 그는 이를 승낙했다. 곧 연구에 착수한 데이비는 이렇게 생각했다. "작은 파이프 속에서 불꽃이 꺼지면 탄광 속의 갱내 가스가 있더라도 램프불로 폭발하는 일은 없을 것이다."

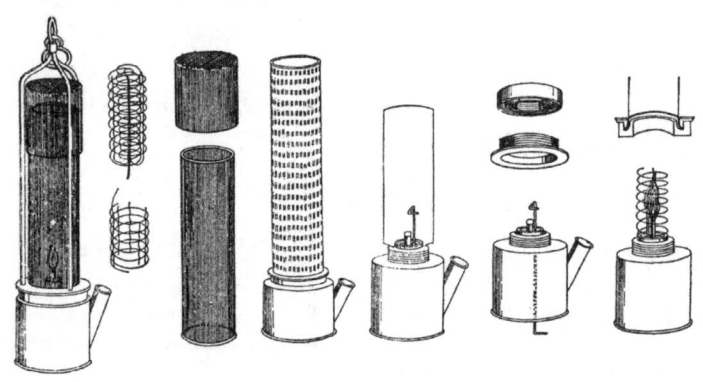

8-5 | 데이비의 안전등의 원리

1816년 1월, 그는 새 램프를 만드는 데 성공했다. 기존 램프의 유리 대신 가느다란 금속 그물을 사용한 것이 특징이었다. 갱내 가스는 가느다란 그물을 자유로이 통과할 수 있었지만, 불꽃은 그 밖으로 나와 위험한 가스를 발화시킬 수는 없었다. 램프는 대단히 성능이 좋아 모든 탄광에서 널리 사용되었으며, 많은 사람들의 생명을 구하는 데 기여했다. 그러나 데이비는 특허를 얻어 돈을 벌기보다 순전히 인도적 목적에서 안전등을 발명했다. 그의 태도에 감동한 탄광업자들은 1817년 9월에 모임을 열고 큰 은접시를 선물하며 축하연을 베풀었다.

그러나 데이비가 죽은 다음 이 은접시는 녹여져 데이비를 기념하는 상패로 제작되었다. 영국 왕립협회는 736파운드의 돈으로 이 은을 구입한 뒤, 여기서 생기는 이자로 데이비 상패를 만들어 국내외의 우수한 학자들에게 수여했다. 1877년 제1회 수상자로 스펙트럼 분석에 성공한 독일의 화학자 분젠(11장)이 선정되어 이 영광을 누렸다.

데이비 성공을 뒷받침한 전지

데이비가 나트륨과 칼륨 같은 원소를 발견하게 된 것은 오직 하나 '전지'의 힘 덕분이었다. 이제 데이비가 사용해 성공하게 된 전지의 역사를 잠시 살펴보기로 하자.

8-6 | 기전기

• 전기

그리스의 유명한 철학자 탈레스는 물을 만물의 근원이라고 생각했다. 또한 그는 호박(琥珀)을 모피(毛皮)로 문질러, 작은 나뭇잎이나 머리카락을 끌어당기는 상태를 사람들에게 보여주었다. 오늘날 우리가 사용하는 전기(electricity)라는 용어는 탈레스가 발견한 현상이 호박에 의해 일어나므로 길버트(W. Girbert, 1540~1603년)가 호박을 의미하는 그리스어의 일렉트론(elektron)에서 따와 명명한 것이다.

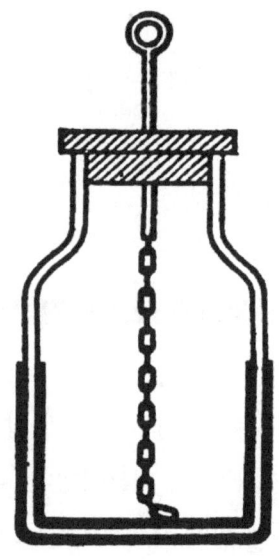

8-7 | 라이덴병

18세기 중엽에는 회전식 기전기(起電機)가 널리 사용되었으며, 라이덴병을 비롯한 축전기의 발명과 개량으로 매우 강한 정전기를 얻을 수 있게 되었다. 라이덴병은 네덜란드의 물리학자 뮈센브루크(Musschenbroek)가 1745년에 발견한 것인데, 라이덴은 그의 마을이자 대학 이름이었다. 그러나 일정한 힘으로 연속적으로 흐르는 전류와 달리, 정전기를 이용해 기계를 움직이는 일은 어려웠다. 이러한 전기를 마찰전기라고 하며, 이후에는 이와 는 전혀 다른 방법으로 전류를 얻게 되었다.

•갈바니의 발견

　이탈리아의 볼로냐(Bologna) 대학의 해부학 교수였던 루이지 갈바니(Luigi Aloisio Galvani, 1737~1798년)의 실험실에는 가끔 반쯤 해부된 개구리가 책상 위에 놓여 있었다. 1791년 어느 날, 그의 조교가 해부용 칼로 개구리의 다리 신경을 건드리고 있었다. 때마침 다른 조교가 옆에 있던 마찰전기로부터 불꽃을 튀게 하자, 죽어 있던 개구리의

8-8 | 갈바니

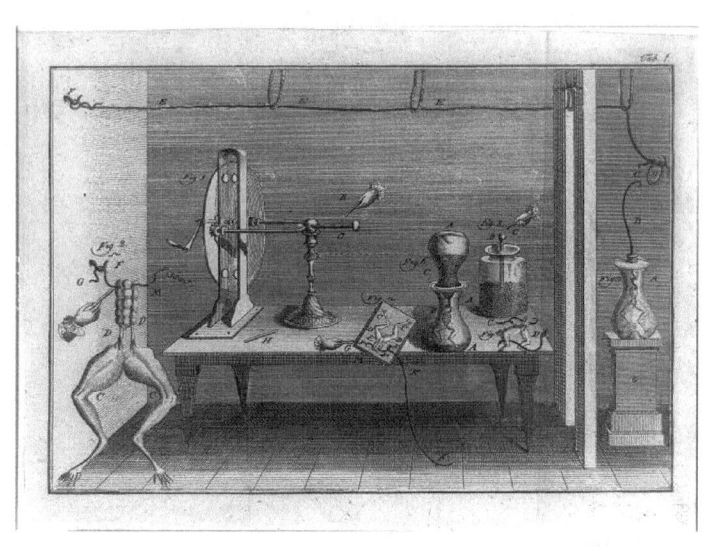

8-9 | 갈바니의 개구리 실험 장치

다리가 심하게 경련을 일으키며 팔딱팔딱 움직이는 현상이 나타났다. 이를 발견한 조교는 곧바로 이 사실을 갈바니에게 보고했다. 보고를 받은 갈바니는 여러 계통적인 실험을 하여 마침내 언제든지 금속으로 개구리의 신경을 건드릴 때 옆에서 전기 불꽃이 튀게 하면 반드시 이

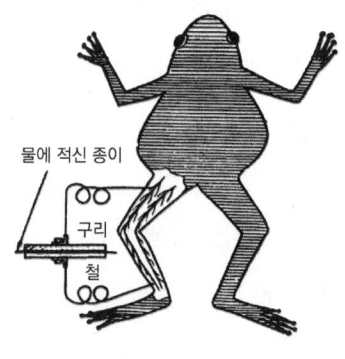

8-10 | 금속과 개구리의 신경 경련 실험

와 같은 현상이 일어난다는 것을 확인했다. 갈바니는 이 이상한 현상을 1791년에 발표했다. 또한 그는 칼 대신 서로 다른 두 가지 금속을 사용하여 한쪽 끝을 신경에, 다른 쪽 끝을 다리에 접촉만 시켜도 경련이 일어난다는 것을 알아냈다. 갈바니는 이런 이상한 전기가 동물체 안에 있다고 생각하고 이것을 '동물전기'라고 했다.

• **볼타 전지**

갈바니의 연구 발표를 읽고, '동물전기'는 존재할 수 없으며 그 원인은 개구리가 아니라 금속에 있을 것이라고 생각한 사람이 있었다. 그는 바로 갈바니의 친구인 알레산드로 볼타(Alessandro Volta, 1745~1827년)였다. 볼타는 우선 개구리의 근육을

8-11 | 볼타

없애고, 신경과 금속만으로 회로를 만들어 실험을 진행했으며, 그 결과 전류가 생기는 것을 보았다. 다음에는 개구리의 신경 대신, 소금물에 적신 헝겊으로 실험해 이 또한 성공했다. 여기서 볼타는 구리판과 아연판 사이에 소금물에 적신 헝겊을 끼우고, 전지와 같은 것을 처음 만드는 데 성공했다. 이후 그는 이러한 전지를 여러 개 겹겹이 쌓아 일명

'파일(pile)'을 만들어 상당히 강한 전류를 얻을 수 있었다. 이것이 볼타 전지이며, 1799년 인류가 인공적으로 전류를 얻는 데 성공한 역사적인 순간이었다.

8-12 | 볼타 파일

새 원소의 발견

데이비는 무려 2,000개의 전지를 연결해 놀라운 실험을 진행했다. 1807년 10월 9일에 가성칼리(수산화칼륨, KOH)를 녹여 전기분해를 시도했다. 그가 놀랐던 것은 음극에서 강한 빛이 생기면서 접촉점으로부터 불꽃이 튀기는 일이었다. 금속 광택을 띠는 작은 구(球), 외관이 수은과 비슷한 물질이 생겼다. 그중 몇 개는 생기면서 곧 폭발해 아주 밝은 불꽃을 내면서 타올랐고, 표면에는 흰 막이 생겼다. 이것이 칼륨(Potassium)이라는 새 원소였다. 그로부터 2~3일 후, 그는 수산화나트륨(NaOH)을 이용한 같은 실험을 통해 또 다른 새로운 원소인 나트륨(Sodium)을 발견했다. 데이비는 이러한 성공에 용기를 얻어 전지를 이용한 실험을 계속했고, 칼슘(Ca), 마그네슘(Mg), 스트론튬(Sr), 바륨(Ba) 등 총 5개의 새로운 원소를 추가로 발견했다.

접촉설과 화학설

볼타가 전지를 발명한 후, 데이비는 이를 이용해 전기분해를 수행하고, 알칼리 금속(Na, K)과 알칼리 토금속(Ba, Sr, Ca) 등을 발견하며 세상 사람의 관심을 끌었다. 그러므로 자연적으로 물질과 전기의 관계에 대한 의문이 생겼다.

전류가 생기는 원인에 대해 볼타는 '접촉설(接觸說)'을 내세웠다. 예를 들어, 묽은 설탕물에 진한 설탕물을 조용히 부어 두 층으로 해 두면, 물속에서 설탕 입자가 이동해 얼마 후에는 전체가 균일한 농도의 설탕물이 되는 것을 볼 수 있다. 물속에서 떠다니며 이동하는 설탕 입자처럼, 금속 내부에도 자유롭게 이동하는 전기의 입자 같은 것이[전기 유체(流体)] 있다. 금속의 종류를 따라 전기 유체가 많아 긴장도(緊張度)가 높은 금속도 있고 낮은 금속도 있다. 이러한 두 금속을 접촉시키면 앞서 설탕물처럼 긴장도가 높은 금속에서 낮은 금속으로 전기 유체가 이

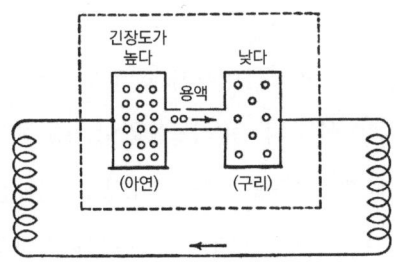

8-13 | 볼타의 접촉설 설명도

동하게 된다. 볼타는 이를 전류의 생성 원리라고 생각했으며, 이것이 접촉설의 원리다.

또한 그는 두 종류의 금속 사이에 용액(소금물에 적신 헝겊, 묽은 황산 등)이 있으면 전기 유체는 한쪽 방향으로만 움직인다고 주장했다. 즉, 긴장도가 높은 쪽에서 낮은 쪽으로만 움직일 뿐, 역방향으로의 역류(逆流)는 일어나지 않는다고 생각했다.

그러나 이러한 접촉설에 반대하며 화학설(化學說)을 주장한 사람이 있었으니, 바로 리터(Ritter, 1776~1810년)였다. 리터는 1798년에 다음과 같이 화학설을 주장했다. 두 종류의 금속을 젖은 상태에서 접촉시키면 한쪽 금속은 상대 금속이 없을 때보다 더 빨리 산화(녹이 슨다)가 진행된다. 예를 들어, 아연만이 공기 중에 있을 때는 그렇게 빨리 녹이 슬지 않지만, 아연을 구리와 접촉시켜 두 면 젖은 상태에서 곧 녹이 슬게 된다. 리터는 이산화(녹이 스는 것)와 같은 화학 변화가 전류를 만드는 원인이라고 주장했다.

그러나 접촉설과 화학설의 논쟁은 쉽게 결론이 나지 않았다. 오늘날에는 원자의 내부구조까지 밝혀져 있어, 전류가 전자(電子)의 흐름이라고 생각한다. 전자는 (-)전기를 띠고 있는 입자이므로 전기 유체의 이동이 전류라고 생각한 볼타의 생각은 옳았다(물론 전자의 흐름 방향과 볼타의 전기 유체의 이동 방향은 거꾸로 되어 있다). 또 한편 전지의 극판(植板)과 용액 사이에서 화학반응도 일어난다고 생각한 리터의 주장도 옳다. 이 화학변화에 의해 전자의 이동이 생기는 것이다. 오늘날 볼타의 개념은

'접촉 전위차(接觸電位差)'라 하고, 리터의 개념은 '산화환원 전위차(酸化還元電位差)'라 하므로 이 논쟁은 명확한 결론을 내리기 어렵게 되었다.

그로터스의 착상

볼타 전지가 발견된 후, 새로운 형태의 에너지를 자유롭게 활용할 수 있게 되면서 이를 이용한 다양한 실험이 활발히 진행되었다. 그중에서도 물이 분해되어 산소와 수소로 변한다는 사실은 알려졌지만, 도대체 어느 쪽에서 분해가 일어나는지는 아직 밝혀지지 않았다.

물의 전기분해에서 수소와 산소가 따로따로 다른 곳에서 발생하는 현상에 대해 독일의 그로터스(Grotthus, 1785~1822년)는 1805년 다음과 같이 설명했다.

(-)극은 바로 그 부근의 물로부터 수소 원자를 끌어당겨 이를 기체로 발생시키고, 남아 있는 산소가 옆에 있는 물분자로부터 수소를 빼앗고, 이것이 점점 전달되어 최후에 남아 있는 산소가 (+)극으로 끌려가 그곳에서 기체로 발생하는 것이라고 했다. 그는 대

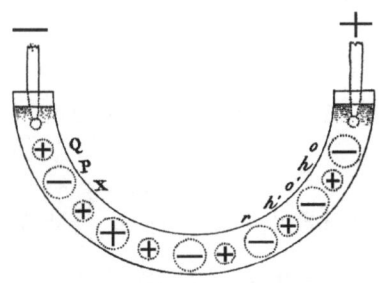

8-14 | 그로터스에 의한 전기분해 설명도

전(帶電)된 원자 또는 원자단(原子團)이 액체 속에 존재할 수 있다는 가능성을 처음으로 제안한 사람이었다. 따라서 그로터스의 이러한 착상은 전기분해를 설명하는 데 가장 좋은 이론이었다. 그 당시는 아직도 이온이라는 개념이 존재하지 않았다. 전기화학은 갈바니에서 볼타로, 그리고 그로터스를 거쳐 데이비와 패러데이로 연결되는데 패러데이에 의해 이온의 개념이 확립되었다.

이온

아무런 학력도 없이 한 책방에서 일하고 있던 패러데이는 데이비의 조교가 되면서부터 먹고 자는 것도 잊을 정도로 열심히 배우고 연구했다. 그 결과 마침내 스승인 데이비 못지않은 훌륭한 학자가 되었으며, 특히 전기분해에 관한 법칙을 수립했다.

패러데이는 그로터스의 착상 중 대전된 원자 또는 원자단이 액체 속에 존재할 수 있다는 말에 동의하

8-15 | 아레니우스

고, 이러한 입자를 '이온(ion)'이라고 불렀다. 이온이라는 용어는 그리스어의 '간다(go)'는 뜻에서 유래한 것으로, 전기분해 과정에서 분해된 입자가 용액 속을 따라 전극 쪽으로 옮아가므로 그렇게 불리게 되었다. 패러데이는 음극(陰

8-16 | 반트호프(왼쪽)와 오스트발트(오른쪽)

極)으로 향해 가는 입자를 '양(陽)이온', 양극(陽極)으로 향해 가는 입자를 '음(陰)이온'이라고 불렀다. 그는 이온이 용액 속에서 전기를 운반한다는 사실을 밝혀냈으나, 전해질(電解質)이 물에 녹기만 해도 전기를 통해주지 않더라도 이온을 형성한다는 사실은 알지 못했다.

전해질(용액 속에서 전기를 통할 수 있는 물질)은 전류를 가하지 않아도 물에 녹기만 하면 (+)전기와 (-)전기를 띤 입자로 나누어진다는 전리설(電離說)을 제창한 사람이 스반테 아레니우스(Svante August Arrhenius, 1859~1927년)였다. 스웨덴 스톡홀름대학교에서 졸업을 앞둔 22세의 청년 아레니우스는 1883년 6월 6일 대담하게도 전리설을 주장하여 세상 사람들을 깜짝 놀라게 했다. 아레니우스의 전리설에 따르면 염산(HCl)을 물에 녹이면 수소 이온(H^+)과 염소 이온(Cl^-)으로 나누어진다.

$$HCl \rightleftarrows H^+ + Cl^-$$
염산　　수소 이온　염소 이온

수용액 속에 생긴 수소 이온은 전기를 띠고 있어 수소와는 다르다. 수소는 불에 탈 수 있지만, 수소 이온은 이런 성질이 없다. 또한 염소는 표백작용을 하지만 염소 이온은 그런 작용을 하지 않는다. 당시 사람들은 이런 내용을 잘 이해하지 못했으므로 처음에는 아레니우스의 전리설을 반대하고 거짓이라고 여겼다.

   그 후, 독일의 오스트발트(Ostwald, 1853~1932년)와 네덜란드의 반트호프(van't Hoff, 1852~1911년)와 같은 유명한 화학자들의 공감과 지지를 얻게 되었다. 그 결과 아레니우스는 1903년 자신의 학설에 대한 공로를 인정받아 노벨 화학상을 수상했다.

염소의 단체성

   과거 라부아지에는 염소가스(Cl_2)를 '옥시 해산'(海酸, oxymuriatic acid)이라고 불렀으며, 염소가 단일 원소가 아니라 산소를 포함한 화합물이라고 생각했다. 데이비는 이 가스를 가열한 목탄 위로 통과시켜 분해함으로써 산소를 얻으려 했으나 실패했다. 사실 염소는 스웨덴 화학자 셸레가 이산화망간(MnO_2)에 염산(HCl)을 가하여 얻은 것이었다. 그러나 이후 라부아지에를 비롯한 저명한 학자들이 이를 산소를 포함한 화합물로 여겼기 때문에, 데이비는 염소에서 산소를 분리해 내려 했던 것이다. 그러나 데이비는 이 가스 속에 산소가 포함되어 있지 않음을 확인하고, '현재까지 분해되지 않는 물질을 단일 원소(단체)로 본다'는 라부아지에의 정의에 따라 이 가스를 단체라고 결론지었다. 이 가스의 외형적인 황록색 빛깔에 따라 염소(塩素, chlorine=황색)라고 명명했다.

뿐만 아니라 옥시 해산에는 산소가 없다는 사실에서 데이비는 라부아지에가 제창한 '산은 산소를 포함한다'는 산의 산소설에도 반대했다. 데이비는 여기서 산소가 없는 산도 있다고 주장했다. 처음에는 그의 주장이 강한 반발을 받았지만, 이후 산소가 없는 산[예를 들어, 염산(HCl); 요오드화수소(HI), 시안화수소(HCN) 등]이 발견되면서 훗날 산의 수소설이 확립되는 기초가 되었다. 이는 데이비의 중요한 업적 중 하나였다.

전기화학적 가설

데이비는 화학적 친화력을 물질 간의 전기적 작용으로 설명했다. 그의 가설에 따르면 산과 알칼리가 접촉했을 때, 접촉 대전(帶電) 현상에 의해 산은 음전기를 띠고 알칼리 쪽은 양전기를 띤다. 이렇게 서로 전기적 인력으로 결합한다. 이 결합물이 염류이다. 그러므로 전지의 전기력이 화합물의 전기적 인력보다 강할 때는 이른바 전기분해가 일어나 양극에는 산, 음극에는 알칼리가 유리된다는 것이다. 이러한 생각은 스웨덴 화학자 베르셀리우스의 주장과 똑같다. 베르셀리우스는 자신의 이원론(二元論)으로 화합물의 생성 이론을 전기화학적 가설로 설명했다.

예를 들어,

물 ········ $\overset{(+)\,(-)}{H_2O}$　　염산 ········ $\overset{(+)\,(-)}{HCl}$

소금 ········ $\overset{(+)\,(-)}{NaCl}$　　산화철 ········ $\overset{(+)\,(-)}{FeO}$

이렇게 베르셀리우스와 데이비는 모두 전기적 친화력의 가설인 이원론을 주장했다. 이로써 데이비는 더욱더 유명한 학자가 되었다.

데이비의 말년

데이비의 결혼 생활은 불행했다. 그의 부인은 과학자의 배우자로서 적합하지 않았으며, 호화스러운 생활과 사교적 삶을 즐겼다. 그러므로 데이비는 부인과 떨어져 혼자 시골이나 외국을 여행하는 것을 좋아했다. 1826년경부터 데이비의 건강은 차츰 쇠약해져 낚시나 사냥에도 갈 수 없을 정도였다. 1827년 봄에는 가벼운 마비성 발작을 일으켰다. 요양을 위해 이탈리아 라벤나(Ravena)로 갔다가 오스트리아 잘츠부르크(Salzburg)로 옮겼다. 그는 병 증세가 점점 심해져서 왕립협회의 회장직을 사임하고 1828년 10월에는 이탈리아에서 조용히 집필에 전념했다. 이때 집필한 『Consolations in Travel』과 『The Last Days of a

8-17 | 제네바에 있는 데이비 묘

Philosopher』는 1830년 그가 죽은 다음에 출판되었다.

1829년 2월 20일, 데이비는 로마에서 다시 마비가 재발해 오른쪽이 반신불수가 되었다. 의사인 동생 존(John Davy)과 영국에 있던 부인이 급히 로마로 달려왔다. 의사의 치료로 병세가 다소 호전되어 데이비는 스위스 제네바로 옮겨졌다. 여기서 얼마 동안 정양했지만 다시 회복하지 못했고, 평소 그가 즐기고 좋아하던 아름다운 알프스산 기슭에 그의 귀한 뼈를 묻었다.

1829년 5월 29일, 51세를 일기로 제네바에서 생을 마감했다.

데이비가 학문적으로 이룩한 업적은 수없이 많지만, 그가 생전에 남긴 가장 큰 발견은 한 작은 책방에서 가난에 쪼들리면서 일하던, 학교 교육도 제대로 받지 못한 불쌍한 청년 패러데이를 찾아낸 일이었다.

9

유스투스 폰 리비히

Justus von Liebig
1803~1873년

화학자이자 화학 교육자로서 19세기의 위대한 독일 석학을 떠올릴 때, 누구나 리비히를 기억할 것이다. 유스투스 폰 리비히는 1803년 5월 12일 독일 다름슈타트(Darmstadt)에서 태어나 1873년 4월 18일 독일 뮌헨에서 생을 마감했다.

소년 시절

리비히의 아버지는 다름슈타트에서 의약품, 염료, 물감 등을 제조하고 판매하는 상인이었다. 그는 열 명의 자녀를 두었는데, 리비히는 둘째 아들로 태어났다. 아버지가 약품이나 물감을 만들기 위해 작은 실험실을 갖추고 있었는데, 리비히는 처음에 이 실험실에 흥미를 느꼈다. 그는 날마다 아버지의 실험을 도우며 화학의 기초 실험을 익혀 나갔다.

마침 당시 아버지 친구 중 헷스라는 사람이 있었는데, 그는 왕실 도서관에 근무하며 리비히에게 화학 관련 책을 자주 빌려줬다. 리비히는 화학에 관한 책을 많이 읽었고, 나중에는 아버지의 염료 실험실에서 혼자 말없이 실험을 해 보기도 했다. 리비히가 흥미를 느낀 것은 폭발성 화약에 관한 실험이었다. 그는 심지어 학교 교실에까지 화약을 가져가 수업 시간에 뒷자리에 앉아 그것을 터뜨려 선생님과 학생들을 놀라게 하기도 했다. 그때마다 학생들은 손뼉을 치면서 환호성을 지르기도 했다.

이렇게 리비히는 자신도 모르게 화학에 대한 말할 수 없는 취미와 흥미를 갖게 되었다. 그래서 그는 학교에서는 화학 외의 과목에는 별다른 관심을 두지 않았고, 학교에도 잘 나가지 않았다.

문제의 인물 두 사람

리비히의 학교 성적은 꼴찌를 다투었다. 그의 반에서 꼴찌를 다투던 또 한 사람 있었는데, 바로 훗날 유명한 음악가가 된 로일링이었다. 로일링은 항상 종이를 꺼내 다섯 줄의 오선을 긋고, 거기에 음표를 적으며 혼자 조용히 작곡에 몰두하곤 했다. 리비히는 늘 "아침에 올 때 만들어 둔 화약이 지금쯤 말랐을까?" 하는 생각에 빠져 공부에 집중하지 못했다. 로일링은 작곡에 몰두하느라 공부를 하지 않았다. 이 반에서 가장 골칫거리 아이가 바로 이 두 사람이었다. 로일링은 아무도 모르게 혼자서 조용히 말썽을 피우는 음성적 문제아였지만, 리비히는 가끔 화약을 터뜨려 다른 사람을 놀라게 하는 적극적인 문제아였다.

먼 훗날 리비히가 위대한 화학자가 된 다음, 한 국제 화학회의에 참석하고 독일로 돌아가던 중, 오스트리아 빈에 들르게 되었다. 그는 친구인 화학자 뷜러와 함께 산책을 하다가 한 극장 앞에 붙은 '그랜드 오페라' 광고를 보게 되었다. 그 광고에는 '왕실 음악사 로일링 씨 지휘'라고 적혀 있었고, 이를 본 리비히는 깜짝 놀랐다. 한때 학교에서 꼴찌 자리를 다투던 선의의 경쟁자가 이제는 저명한 작곡가가 되었고, 자신은 위대한 화학가가 되었으니, 이는 참으로 묘한 운명이었다.

유학 시절

폭발물 화약 사건 이후, 리비히는 결국 학교를 퇴학했다. 그의 부모는 리비히를 약국에 취직시켰다. 그러나 리비히는 약국 실험실에서도 폭발물 실험을 시작했다. 어느 날 그는 자기 방에서 폭발약 실험을 하던 중 실수로 큰 폭발 사고를 일으켜 약국 창문이 모조리 깨진 일이 있었다. 그 후 리비히는 다시 집으로 돌아오게 되었다.

리비히가 열일곱 살이 되던 해, 그의 아버지는 그를 본 대학교에 입학시켜 화학을 공부하게 했다. 처음에 리비히는 큰 기대를 품고 대학에 들어갔으나, 화학 강의 내용이 자신이 이미 알고 있는 낡은 서적 수준에 불과하다는 사실에 실망했다. 결국 그는 퇴학 원서를 내고 다시 집으로 돌아왔다. 집에 돌아온 리비히는 별로 하는 일 없이 날마다 폭발약의 연구와 그 실험으로 시간을 보냈다.

어느 날 다름슈타트의 임금인 루돌프 1세는 리비히에 대한 이야기를 듣고, 그를 불러 장학금을 줄 테니 외국에 나가 학업을 계속하라고 권유했다.

이 말을 들은 리비히는 꿈인지 생시인지 모를 만큼 기뻐 잠을 이루지 못했다. 이렇게 해서 마침내 그는 자신의 소원대로 외국에 가서 공부할 수 있게 되었다. 당시 북쪽 스웨덴에는 베르셀리우스의 이름이 널리 알려져 있었고(그의 제자가 뷜러였다), 영국에는 바다 건너편의 데이비가 활약하고 있었다(그의 제자가 패러데이였다). 리비히는 여러 가지로 망설이다가 마침내 파리로 가서 소르본 대학교에 입학했다. 그는 기체 반응의 법칙으로 유명한 게이뤼삭에게서 배우기로 결심했다. 1822년 11월, 열아홉 살 리비히는 게이뤼삭의 제자가 되었다.

- **찾아온 행운**

이렇게 얼마간의 시간이 흐른 뒤, 리비히는 남모를 열망에 사로잡혀 있었다. 그것은 다른 학생들과 달리, 리비히 혼자만은 게이뤼삭 선생님의 실험실에 들어가 직접 지도를 받으며 원래의 소원이던 폭발약에 대한 연구를 해 보는 것이었다. 물론 이것은 이제 나이가 열아홉 살밖에 안 된 독일인 유학생에게는 꿈도 꿀 수 없는 일이었다.

때마침 게이뤼삭 선생님에게는 독일의 유명한 박물학자 알렉산더 폰 훔볼트(Alexander von Hum bolt, 1769~1859년)라는 친한 친구가 있었다. 훔볼트는 형제가 모두 유명했는데, 형인 빌헬름 폰 훔볼트는 문학

가이자 문교장관을 지낸 인물이었다. 동생 알렉산더 훔볼트는 박물학자이자 지리학자, 기상학자로 유럽 대륙 전역에 널리 알려져 있었으며, 게이뤼삭과는 화학작용에 관한 공동연구를 진행하기도 했다. 다행히도 리비히는 이 뜻밖의 인연으로 같은 고향 출신의 대선배 훔볼트의 도움을 받아 게이뤼삭 선생님의 특별 조교로 들어가 실험을 할 수 있게 되었다.

9-1 | 훔볼트

이 젊은 청년의 기쁨은 더할 나위 없었지만 리비히와 같은 일생에 한 번 만날까 말까 한 뛰어난 젊은 청년을 자신 곁에 둘 수 있게 된 스승의 기쁨도 이루 말할 수 없었다.

• **연구의 성공**

이때 그의 스승은 리비히가 평생의 연구과제로 삼고자 했던 폭발물 연구를 그대로 그들의 공동 연구 과제로 받아들였고, 옆에서 적극적으로 도와주기 시작했다. 리비히의 연구는 본격적으로 진행되었으며, 그는 먹는 것도 잊은 채 한결같이 연구에 몰두한 끝에 폭발물을 분석하는 데 성공했다. 그는 그 물질이 뇌산은(雷酸銀)임을 알아냈다. 선생과 제자는 기쁨을 감추지 못하고 서로 얼싸안은 채 실험대를 몇 번이나 뱅글뱅글 돌면서 축하했다고 전해진다. 스승 게이뤼삭의 뛰어난 실력과 고결한 인격은 위대한 화학자 리비히를 길러낸 원동력이 되었다.

리비히는 말할 수 없이 행복했다. 비록 게이뤼삭 밑에서 연구한 기간은 불과 2년 남짓한 짧은 시간이었지만, 그 성과는 실로 엄청난 것이었다.

21세의 대학 교수

리비히는 1834년 다름슈타트로 돌아온 뒤 다시 한번 훔볼트의 도움을 받아 21세의 젊은 나이로 기센(Giessen) 대학교의 조교수로 임명되었다.

다음 해에는 정식 교수로 임명되었다. 리비히는 대담한 교육계획을 세우고, 대학교육을 실험 중심 교육으로 바꾸는 일대 혁신을 일으켰다. 그는 직접 학생들의 손을 잡고 실험을 지도했으며, 화학이라는 학문은 칠판과 노트만으로는 배울 수 없고, 반드시 스스로 실험을 통해 지식을 얻어야 한다고 강하게 주장했다. 해마다 학교 당국과 싸워 가면서 실험실을 확장하고 많은 인재를 길러내는 데 온 힘을 쏟았다. 기센 대학교의 많은 학생들은 쉬는 시간마다 실험실 창문 너머로 진행 중인 실험을 구경하며 모두 화학과로 전과하고 싶은 충동을 느끼곤 했다.

9-2 | 기센 대학교의 실험실 모습

그중에서도 공과대학 건축학과에 다니던 케쿨레(10장 참고)와 법과대학에 다니던 아우구스트 빌헬름 호프만(August Wilhelm Hofmann, 1818~1892년)은 결국 리비히의 제자가 되기로 결심하고 화학과로 전과한 인물이었다. 케쿨레는 이후 유기화합물인 벤젠의 구조식을 밝혀낸 학자로, 반트호프와 같은 뛰어난 제자들을 길러낸 스승이 되었다. 한편 호프만은 아닐린 유도체를 연구한 화학자로, 그의 제자 중에는 인조 염료를 세계 최초로 합성한 영국의 퍼킨(Perkin, 1838~1907년)이 있다. 퍼킨은 인공적으로 최초의 합성 염료인 '모브(mauve)'를 만들어 냈다. 리비히의 제자들 가운데에는 이 외에도 유기화학의 발전에 크게 기여한 뛰어난 화학자들이 다수 있었다.

9-3 | 호프만   9-4 | 염색한 헝겊을 쥐고 있는 퍼킨

오늘날에도 독일의 모든 대학에서는 리비히의 교육 방식을 그대로 계승하여 실험 위주의 화학 교육을 실시하고 있다. 오늘날 독일 교육 제도의 큰 주춧돌을 놓은 인물이 바로 리비히였다.

가정의 행복

리비히가 교수로 승격된 지 얼마 후, 그는 한 젊고 아름다운 여성의 사랑을 받았다. 쾌활하고 씩씩한 젊은 교수의 성격에 끌린 한 여성, 헨리에테 모르덴하우어(Henriette Mordenhauer)는 기쁨을 감추지 못하고 그를 깊이 사모하게 되었고, 마침내 1826년 5월 25일, 리비히와 결혼했다. 신부인 모르덴하우어는 다름슈타트 궁중 고문관의 딸로, 리비히보다 네 살 연하인 아름다운 여성이었다. 결혼 후, 그녀는 학자로서 성공하려는 남편을 내조하며, 2남 3녀의 자녀 교육에도 정성을 다한 조용하고 성실한 어머니였다. 리비히는 이러한 아내와 함께하는 삶 속에서 늘 "행복하다"고 말하곤 했다고 전해진다.

리비히의 성격

리비히의 성격은 아주 정열적이었다. 그는 유창한 어조로 강의하는 스타일은 아니었지만, 자신의 강의에 스스로 도취될 만큼 뜨거운 열정과 힘을 쏟아부었다. 불같이 격정적이어서, 가끔 제자가 누군가와 다툼이 벌어질 때면 직접 나서서 학생을 대신해 싸움을 도맡기도 했다. 이처럼 강렬한 정열과 행동력 덕분에, 그는 기센 대학교 학생들 사이에서 늘 화제의 중심이 되는 인물이었다.

그러나 한편 리비히는 인정이 많은 사람이기도 했다. 어느 날 그는 수제자인 호프만과 몇몇 제자들을 데리고 등산을 간 적이 있었다. 등산 도중에 노인을 만나 함께 산을 오르게 되었는데, 그 노인은 불운한 삶을 살아온 늙은 군인이었다. 점심 시간이 되어 일행은 산속 휴게소에서 식사를 하게 되었고, 그 노병도 함께 점심을 나눴다. 식사 후 일행은 잠

9-2 | 리비히와 그 가족

시 낮잠을 청했다.

　한참 뒤 제자들이 잠에서 깨어나 보니, 옆에 누워 있던 리비히 선생님이 보이지 않아 깜짝 놀랐다. 호프만은 휴게소 주인에게 선생님의 행방을 물어봤다. 그 주인은 리비히 선생이 조금 전에 산밑 마을에 있는 약방으로 갔다고 했다. 호프만은 선생님을 찾아 산 아래로 급히 내려갔다. 가는 도중에 선생님을 만났는데 이렇게 말했다. "아, 별로 걱정할 것 없네. 그 노병이 약간 열이 있어서 저기 산 아래 마을에 가서 해열제인 키니네를 사 오는 길일세. 자네들을 깨울 수가 없었거든…." 호프만은 이미 그 노병을 잊고 있었지만, 리비히 선생님은 이같이 그 노병을 깊이 생각하고 동정하고 있었던 것이다. 그 모습을 본 호프만은 고개를 숙이지 않을 수 없었다. 더구나 제자들을 깨우지 못하고 직접 산 아래까지 다녀온 리비히 선생님의 행동에서는 제자에 대한 깊은 배려와 사랑이 느껴졌기에, 호프만은 다시 한번 존경의 마음으로 고개를 숙일 수밖에 없었다. 작은 일에도 쉽게 격하고 남의 싸움에까지 나설 정도로 불같은 기질을 지닌 리비히였지만, 그 안에는 이처럼 따뜻하고 인정 넘치는 또 하나의 면모가 있었다. 이러한 모습은 리비히의 고결한 인격을 잘 보여주는 일화라 할 수 있다.

리비히의 성격은 불같이 격하지만 뒤끝이 없는 사람이었다. 한때 그는 스웨덴의 베르셀리우스와 학문적 문제로 격렬한 논쟁을 벌인 적이 있었다. 이 싸움을 말린 사람이 뵐러였는데 뵐러는 베르셀리우스의 수제자이며, 리비히의 가장 친한 친구였다. 입장이 곤란한 뵐러가 리비히에게 아무리 충고해도 고집이 센 그는 말을 듣지 않았다. 하는 수 없이 뵐러는 마지막으로 리비히에게 편지 한 장을 보냈다.

"… 우리들의 몸은 탄소, 산소, 수소, 질소 및 황과 미네랄로 되어 있지 않은가. 우리가 죽으면 이 모든 원소는 물, 암모니아, 탄산가스, 아황산가스로 날아가고 단지 미네랄의 잿더미만 남는다. 이런 우리 몸을 위해 언제까지 싸움을 계속할 것이냐! 당신들이 싸워서 서로 절교하고 헤어진다 해도, 나에게는 한 사람은 스승이고 한 사람은 친구이기에 당신들에게 대한 나의 마음은 어제나 오늘이나, 그리고 앞으로도 영원히 변함이 없을 것이다…."

이 편지를 받은 리비히는 자신의 격한 태도를 후회하고 다시금 베르셀리우스와 화해했다. 그는 이처럼 감정에 휘둘릴지라도, 뒤끝 없는 성품과 진심 어린 반성이 가능한 훌륭한 인격자였다.

유기물에 대한 생기론

리비히가 활동하던 시대에는 '생기론(生氣論, vitalism)'이라는 독특한 사상이 존재했다. 1807년 베르셀리우스는 생명이 있는 생물체의 산물을 '유기물'이라 하고, 무기물의 산물인 물이나 소금 같은 것을 '무기물'이라고 제안했다.

생명이 특별한 위치를 차지하고 있다는 신념을 생기론이라 불렀다. 이것은 1세기 전에 플로지스톤의 창안자인 슈탈에 의해 처음 주장된 것이다. 생기론에 따르면 생명체 속에서만 이루어지는 특별한 작용인 이른바 '생명력(vital force)'이 있다고 했다. 당시 많은 학자들은 생명 현상이 일반적인 자연법칙, 즉 무생물에 적용되는 물리·화학 법칙과는 다르다고 믿었다.

1814년 베르셀리우스는 생명력의 신봉자로서 무기화합물은 실험실에서 마음대로 만들 수 있으나 유기화합물은 생물체에서만 창조되는 것이라는 의견을 공포하고, 유기화합물을 취급하는 화학을 유기화학이라 하여 무기화학과 구별했다.

생기론의 몰락과 유기화합물의 합성

이러한 생기론은 1828년 베르셀리우스의 제자인 독일의 뵐러(Friedrich Wöhler, 1800~1882)의 위대한 발견에 의해 마침내 몰락하게 되었다. 뵐러는 시안산과 암모니아로부터 시안산암모늄을 합성하려는 실험을 하던 중, 뜻밖에도 요소를 얻는 데 성공했다.

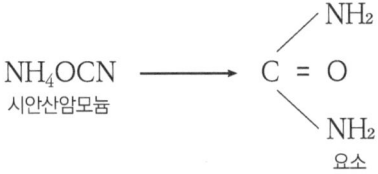

그 당시까지 요소는 사람이나 동물의 콩팥(腎臟)에서만 만들 수 있는 유기물로 생각해 왔는데, 1828년 뵐러는 시험관에서 무기물로부터 인공적으로 유기물인 요소를 합성하는 데 성공했다.

이것은 역사적으로 사람이 인공적으로 합성한 첫 사례는 아니었다. 뵐러 이전에도 유기물을 만든 예는 있었다. 예를 들어 알코올과

9-6 | 뵐러

황산을 가열해 에테르를 만들었고, 목재를 건류할 때 생기는 목초(木醋)를 증류해 메탄올을 얻었으며, 초산납이나 초산칼륨 등을 건류해 아세톤을 만들기도 했다. 그러나 뵐러의 요소 합성은 그 성질이 다르다. 요소는 꼭 동물의 콩팥을 통해서만, 즉 생명을 가진 생명체만이 만들 수 있는 물질인데, 이것을 뵐러가 무기물을 원료로 하여 인공적으로 시험관에서 만들 수 있었다는 점에서 커다란 의미를 지닌 발견이었다.

두 사람의 화학자가 만나게 된 인연

리비히는 게이뤼삭의 연구실에서 뇌산은의 조성을 조사한 결과, 은, 산소, 탄소, 질소가 각각 1원자씩 결합한 화합물임을 밝혀냈다. 화학식으로 표시하면 AgOCN이다. 한편 스웨덴의 베르셀리우스의 연구실에서 연구하던 뵐러는 1823년 시안산과 시안산은을 연구하면서 이들 역시 동일한 조성, 즉 AgOCN이라고 발표했다. 결국 뵐러의 시안산은의 조성은 리비히의 뇌산은의 조성과 완전히 같았다. 그러나 시안산은과 뇌산은은 서로 그 성질이 전혀 달랐다. 조성은 동일한데 성질이 다르다는 사실은 당시로서는 받아들이기 어려운, 어딘가 잘못된 것처럼 보이는 현상이었다.

따라서 뵐러의 발표에 제일 먼저 반박하고 거칠게 비난한 사람은, 바로 불같은 성격의 리비히였다. 리비히는 평생 폭발물 연구에 몰두해 왔고, 그 위험한 폭발성 물질이 뇌산은이라는 사실을 누구보다 잘 알고 있었다. 그런 그가 보기에는, 뵐러가 그것을 가열해 요소를 만들었다는 주장은 도저히 받아들일 수 없는 일이었고, 그는 크게 분노했다.

뵐러는 독일의 부유한 가정에서 태어나 좋은 교육을 받은 우등생이었으며, 성격 또한 리비히와는 정반대로 냉정하고 차분하며 매우 이성적인 사람이었다. 그는 좀처럼 화를 내지 않는 온화한 신사였다. 그러므로 뵐러는 리비히의 거센 비난을 받았을 때에도 감정적으로 대응하지 않고, 차분하게 자신의 실험을 다시 조사해 조성에 오류가 없음을 재확인했다. 이때 냉정한 성격의 소유자였던 뵐러는 리비히에게 이렇게 제안했다.

"우리 서로의 연구에는 조금도 잘못된 점이 없습니다. 그런데 나의 시안산은과 당신의 뇌산은은 조성이 완전히 같음에도 불구하고, 성질이 전혀 다르다는 것은 분명 그 안에 어떤 이유가 있을 것입니다. 그러므로 앞으로 이 문제를 해결하기 위해 당신과 함께 공동 연구를 진행하고자 합니다."

이 제안을 받아들인 리비히는 이후 뵐러와 자주 만나 공동 연구를 시작했고, 두 사람은 곧 가장 가까운 친구가 되었다. 아마 이 지구상에서 죽을 때까지 변함없이 깊은 우정을 이어간 과학자가 있었다면, 그것은 바로 두 위대한 화학자 뵐러와 리비히일 것이다. 리비히가 먼저 죽고 뵐러는 혼자 남아서 쓸쓸하게 지내다가 82세에 생을 마감했다. 그는 임종 전, "내 시신 위에 나의 친구 리비히의 사진을 올려 함께 묻어 달라"는 부탁을 남겼다고 한다. 그는 가장 사랑하던 친구를 잊지 못하며 안타깝게 여생을 보냈다고 한다.

이성질체

리비히와 뵐러의 공동 연구로 드디어 큰 문제가 해결되었다. 리비히의 뇌산은은 AgOCN이라는 물질로 그 기본이 되는 산이 바로 뇌산(HONC)이었다. 한편 뵐러의 시안산은은 AgOCN이라는 물질로 그 기본이 되는 산이 바로 시안산(HOCN)이었다. 뇌산(HONC)은 불안정해 잘못하면 폭발하는데, 시안산(HOCN)은 안정해 가열해도 폭발하지 않는다는 사실을 공동 연구로 밝혀냈다. 즉, 탄소, 질소, 산소, 수소 등 원자의 배열상태가 다르다는 것을 알았다. 이처럼 두 물질의 화학식은 같지만 원자의 배열상태가 다른 화합물을 '이성질체(異性質体)'라 하며 이런 성질을 '이성현상(異性現象)'이라고 한다.

원자단의 발견

뇌산은과 시안산은을 계기로 친교를 맺게 된 리비히와 뵐러는 이후 여러 편의 중요한 논문을 공동 연구 형식으로 발표했다. 그 첫 논문이

$$C_7H_5O = C_6H_5COH$$
(벤즈알데히드)

$$C_7H_6O_2 = C_6H_5COOH$$
(벤조산)

$$C_7H_5OCl = C_6H_5COCl$$
(염화벤조일)

$$C_7H_5OCN = C_6H_5CONH_2$$
(벤조니트릴)

'벤조일기(基)'라는 원자단의 발견이었다.

1832년, 두 사람은 고편도유(苦扁桃油)에 대한 연구에 착수해, 그 안에서 얻은 아미그달린을 가수분해해 벤즈알데히드를 얻었다. 이 벤즈알데히드를 산화시켜 벤조산을 얻었고, 이어서 염화벤조일, 벤조니트릴 등을 얻었다.

이들 화합물을 조사한 결과, 두 사람은 이런 화합물 중에 언제나 $C_7H_5O(C_6H_5CO)$라는 원자단이 존재한다는 사실을 밝혀내고, 이를 '벤조일기(C_6H_5CO)'라고 명명했다.

이처럼 화합물에서 원자가 하나씩 깨어지지 않고 뭉쳐서 한 분자로부터 다른 분자로 이동하는 원자단을 발견하고 이것을 '기(基), 근(根)'이라고 정의했다. 유기화합물에서의 '기'의 개념은 이렇게 탄생했는데, 이것은 유기화학의 발전에 큰 영향을 주었다.

유기원소 분석법의 확립

리비히는 베르셀리우스의 분석 장치를 개량해 간편하고도 정확한 분석법을 확립했다. 그는 유기화합물을 산화구리와 함께 연소관에 넣고 가열할 때 생기는 탄산가스와 물의 무게로부터 그 물질의 퍼센트를 계산했다. 물은 염화칼슘관에 흡수시켜 증가된 양을 측정했고, 탄산가스는 수산화칼륨액을 넣은 칼리구(球)에 흡수시켜 증가된 양을 측정했다. 리비히에 따르면 0.1~0.4g 정도의 검체를 달아서 몇 시간 분석하면 유기물의 조성을 알 수 알아낼 수 있었다. 리비히는 자신이 연구한 방법으로 수많은 유기물을 분석했으며, 성분 원소의 무게 관계에 대해서도 무기화합물의 모든 법칙이 그대로 성립함을 확인했다.

또한 그는 자신만의 독특한 증류장치를 고안해 화학실험을 손쉽고 정확하게 하도록 많은 도움을 주었다. 오늘날까지도 리비히의 증류장치에서 '리비히 냉각기'는 실험실에서 증류할 때 널리 사용되며, 우리는 여전히 그의 발명에 의존하고 있다.

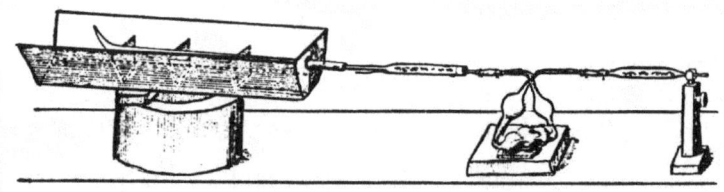

9-7 | 리비히의 원소 분석장치

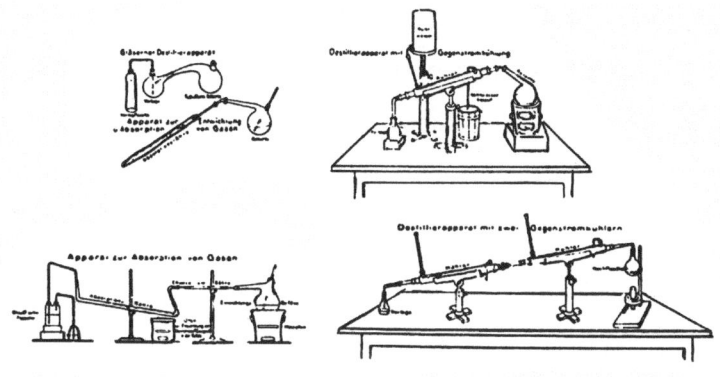

9-8 | 리비히의 증류장치

농예화학의 은인

리비히는 순수화학을 연구하는 한편 식물의 영양상태에 대한 연구도 시작했다. 그는 식물이 공기 중의 탄산가스를 흡수하고, 땅에서 수분을 섭취하는 것이 필요하지만 그 밖에도 칼륨, 석회, 인산염 등의 회분, 즉 미네랄(무기질)도 섭취할 필요가 있음을 지적했다. 그리고 탄산가스와 수분은 무한히 공급될 수 있지만, 무기 영양분은 일정한 토지에 한정되어 있으므로 비료를 공급해야 한다고 역설했다. 그는 어떤 성분을 비료로 사용해야 하는지, 그리고 비료의 활용법에 대해서도 설명하며 인조비료(人造肥料)의 제조를 연구했다. 동시에 그는 동물의 생리작용과 영양문제도 화학적으로 연구했다. 화학 지식을 농업에 응용해 기존의 잘못된 관행을 바로잡고 미래의 방향을 제시하는 지침을 책으로 정리해 발표하기도 했다. 리비히는 '유기화학의 아버지'이자 동시에 농업계의 큰 은인으로 평가받는다.

노년기

리비히는 이 밖에도 『물리 및 화학의 연보(年報)』, 『화학 통신』 등의 학술지를 편집해 여러 분야에서 활동했다. 그러나 그의 삶에도 어느덧 석양의 빛이 깃들기 시작했다. 원래 건강한 체질이 아니었던 데다 젊은 시절의 정열적인 과로로 인해 그의 건강은 날로 쇠약해졌다. 1873년부터는 수많은 시간을 병상에서 보내야 했고, 때론 온천을 찾아 휴양하기도 했다. 기분 좋은 날에는 여전히 교단에서 강의하기도 했다.

1873년 봄이었다. 화창한 봄, 뜰 앞 양지쪽 의자에 앉아 잠깐 기분 좋게 낮잠을 즐겼다. 그러나 그 직후 폐렴에 걸려 다시 병상에 누워 10여 일을 고생하다가 그해 4월 18일 70세로 뮌헨에서 세상을 떠났다. 가족들은 그를 뮌헨 남쪽 묘지에 조용히 안장했다. 리비히의 흉상이 놓여 있고, 그 아래에는 쓸쓸한 작은 무덤이 자리하고 있다. 그곳은 독일의 위대한 유기화학자 리비히가 고이 잠든 자리다.

10

프리드리히 아우구스트 케쿨레

Friedrich August Kekule
1829~1896년

케쿨레는 1829년 9월 7일 독일 다름슈타트에서 태어나, 1896년 7월 13일 본에서 세상을 떠났다.

소년 시절

케쿨레의 아버지는 다름슈타트의 고등 군사참의관이었다. 케쿨레는 어릴 적부터 두뇌가 명석하고 특히 수학과 제도(製圖)에 뛰어난 재능을 보였다. 식물과 나비 등에 관심을 가지며, 박물학적 취미도 지니고 있었다.

고등학교를 열여덟 살에 마친 케쿨레는 아버지의 뜻에 따라 건축학을 공부하기 위해 기센 대학교에 입학했다. 그는 대학에서 수학, 설계, 제도 등을 배웠는데 머리가 뛰어나고 매력적인 성격 덕분에 학생들 사이에서 큰 인기를 얻었다.

대학 시절, 케쿨레는 처음으로 리비히의 이름을 들었다. 학생들 모두가 리비히를 존경하며 감격한 말투로 그의 실험실 이야기를 했다. 케쿨레는 화학에 별다른 흥미가 없었지만 쉬는 시간마다 리비히가 지도

하는 학생 실험실을 기웃거리곤 했다. 그때마다 그는 세계적으로 유명한 리비히의 정열적인 태도에 매료되었다. 몰래 리비히의 강의를 들어본 후부터, 케쿨레의 마음은 이유 없이 화학과의 리비히에게로 끌려갔다. 이 새로운 학문은 단지 흥롭기만 한 것이 아니라, 무한한 가능성을 품은 마법 같은 세계로 느껴졌다. 케쿨레는 마음속에서 깊은 갈등을 겪은 후, 마침내 건축을 포기하고 화학과로 전과하기로 결심했으며, 리비히의 제자가 되었다.

생애

기센에서 케쿨레는 리비히의 지도와 신임을 받으며, 장차 훌륭한 화학자로 성장할 수 있는 기질을 길러나갔다. 이렇게 화학으로 전향한 그는 어느 날 우연히 들른 책방에서 오귀스트 로랑(Auguste Laurent, 1807~1853년)의 『단일계에 의한 화학연구 입문』이라는 책을 접하게 되었다. 그 책을 구해 밤새워 읽은 그는 점차 유기화학의 이론 문제에 깊은 흥미를 느끼게 되었다.

케쿨레는 기센 대학교에서 1857년 7월 15일 박사학위를 받았다. 이 기간 동안, 1851년 5월부터 1852년 4월까지 파리로 건너가 뒤마(Dumas)에게서 공부했으며, 프랑스 화학자 게르하르트(Gerhardt)와도 친분을 쌓았다. 특히 케쿨레는 게르하르트의 영향을 크게 받았다.

10-1 | 게르하르트　　　**10-2** | 뒤마

    6년에 걸친 해외 체류를 마친 그는 독일로 돌아와, 1856년 겨울 하이델베르크 대학교의 강사로 취임했다. 그다음 해 벨기에로부터 초빙을 받아 칸 대학교 정교수로 부임하게 되었다.

    약 9년 동안 벨기에에서 활동한 케쿨레는, 1867년 독일로 돌아와 본 대학교의 교수가 되었다. 그곳에서 그는 은사인 리비히의 본을 받아 많은 인재를 길러냈다. 그중에서도 유명한 인물로는 인디고 물감을 최초로 합성한 베이어(Baeyer, 1835~1917년)와 제1회 노벨상을 받은 네덜란드의 화학자 반트호프(van't Hoff, 1852~1911년) 등이 있었다.

    세상에 나서 건축학을 배우며 집을 짓는 꿈을 꿨던 케쿨레는 결국 화학으로 전향해 인간이 사는 집 대신 원자를 조합해 분자를 건축하는 데 성공한 꿈 많은 과학자가 되었다. 그는 꿈을 꿀 줄 알았고, 그 꿈을

10-3 | 베이어

10-4 | 반트호프

실현시킬 줄 아는 위대한 이론화학자였으며, 동시에 실험가이자 교육자이기도 했다. 특히 케쿨레의 꿈은 제자에게로 이어졌다. 네덜란드의 젊은 학생 반트호프는 항상 스승의 꿈을 잊지 않고 스스로도 끊임없이 꿈을 꾸며 연구에 매진했다. 결국 그는 제1회 노벨 화학상을 수상한 훌륭한 학자가 되었다.

케쿨레의 짧은 행복, 그의 가정생활

1858년 말 케쿨레는 은사 리비히의 추천으로 네덜란드의 헨트 대학교의 교수로 부임했다. 그는 이 대학의 실험실과 가스 시설을 새로 건설하며 교육과 연구 환경을 개선하는 데 크게 기여했다. 그 무렵 조명(照明)가스 공장의 공장장인 영국인 드로리 씨와 케쿨레는 퍽 가깝게 지냈다. 당시 케쿨레가 영어에 능통했기 때문에 두 사람은 더욱 깊이 교류할 수 있었다. 케쿨레는 차츰 드로리 씨의 가족과도 친밀해졌고, 특히 그의 딸 스테파니와는 아주 가깝게 지냈다.

스테파니는 매우 아름다울 뿐 아니라 훌륭한 교육을 받은 여성이었다. 그녀는 꿈 많고 유머가 풍부했던 케쿨레를 좋아했다. 두 젊은 남녀는 1862년 여름 결혼식을 올리며 가정을 꾸렸다. 스테파니가 얼마나 많은 기쁨과 행복을 케쿨레에게 주었겠는가! 케쿨레의 힘과 용기는 한층 더 커졌다. 그는 열심히 연구에 몰두했다. 여기서 불포화산의 실험을 하고 교과서의 원고도 작성했다. 그러나 케쿨레의 행복은 그렇게 오래가지 못했다. 스테파니가 임신한 이후 건강이 차츰 나빠졌다. 케쿨레는 날로 깊어지는 부인의 병세를 크게 걱정했다. 마침내 절망의 순간이 찾아왔다. 아들이 태어나는 순간 스테파니는 세상을 떠났다. 케쿨레의 슬픔은 이루 말로 표현할 수 없었다. 그는 이후 실험실에 틀어박혀 연구에만 몰두했다.

케쿨레 당시의 유기화학

• **이원론의 몰락**

장 바티스트 앙드레 뒤마(Jean Baptiste Andre Dumas, 1800~1884년)

는 1800년 7월 14일 프랑스 알레(Alais)에서 서민 가정의 아들로 태어났지만 보기 드문 활동가이자 뛰어난 웅변가였다. 그는 48세 이후부터는 연구 활동을 중단하고 행정 분야로 진출해 농업·상공업 관계의 장관을 거쳐 원로급 인사가 되었다.

어느 날 샤를(Charles) 10세로부터 튀일리 궁전(Tuilerien)에서 열리는 음악 연회에 초청을 받았다. 그런데 연회 도중, 조명용으로 사용하던 초에서 흰 연기와 코를 찌르는 자극적인 냄새가 퍼지는 일이 발생했다. 이에 국왕은 그 원인을 조사해 줄 것을 뒤마에게 요청했다. 연구 결과에 따르면 초의 표백에 사용한 염소 성분 일부가 초 속에 남아 있었고, 초가 타면서 그 염소가 초(탄화수소)의 수소 원자와 반응해 염화수소로 전환되면서 자극적 냄새가 발생한 것이다.

뒤마는 이 사건을 계기로 영감을 받아, 1834년 그의 제자 로랑과 함께 테르펜유와 그 밖의 여러 유기화합물이 염소나 브롬과 반응하는 과정을 연구했다. 그 결과 화합물의 수소 원자를 할로겐원소로 치환할 수 있음을 발견했다. 이런 사실은 수소 원자는 (+)이고, 염소 원자는 (-)인데 이것이 서로 화합하는 것은 당연하지만, 이것들이 서로 바뀌어 치환한다는 것은 상상도 할 수 없었다. 이것이 성립된다면

$$C_nH_{2n+2} + Cl_2 \rightarrow C_nH_{2n+1}\text{-}Cl + HCl$$
초(탄화수소)　　(염소)

와 같은 반응으로 C_nH_{2n+2}의 수소(H) 한 원자가 (-)의 염소(Cl) 한 원자와

치환하는 것을 뜻한다. 이것은 베르셀리우스의 전기적 2원론에 어긋나는 사실이었기 때문에, 베르셀리우스는 이러한 이론이 성립할 수 없다며 강하게 반대했다. 그러나 실험 결과를 확신한 뒤마는 이원론이 다시 대두되지 못하도록 큰 타격을 주었고, 자신의 일원설인 타이프(type)설을 주장했다.

이것은 무기물과 유기물이 다른 특징이다. 무기물은 이원설로 설명할 수 있지만 유기물은 (+), (-)가 없어 하나의 분자로서 일원설이 성립한다는 것이다. 이렇게 유기물에서는 이원론이 몰락했다.

• **프랭클랜드의 원자가설**

영국의 화학자 프랭클랜드(Frankland, 1825~1899년)는 1852년에 원자가(原子價) 가설을 제창했다. 이것은 수소는 1가, 산소는 2가, 질소는 3가와 같이 모든 원자가 어떤 특정 수의 결합 손을 가지고 있다고 주장하는 것이다. 이 프랭클랜드의 원자가설은 화합물의 구조를 이해하는 데 큰 도움이 되었으며, 화학결합의 규칙성과 분자 구조의 예측을 가능하게 했다.

프랭클랜드의 이러한 사상을 확고한 원자가설로 발전시킨 중심

10-5 | 프랭클랜드

인물은 케쿨레였다. 케쿨레는 메탄(CH_4)이라는 유기화합물을 예로 들어, 탄소 원자의 원자가가 4가라고 주장했다.

" 1가······ 수소, 염소, 브롬, 나트륨, 칼륨

　2가······산소, 황

　3가······질소, 인, 비소"

그 밖에 또 하나의 그룹을 프랭클랜드의 타입에 추가했다.

" 4가······탄소"

탄소의 사슬 모양 결합 구조

케쿨레는 탄소의 4가 원자가에 대한 개념을 바탕으로, 1858년에 탄소 결합의 사슬학설(chain theory)을 완성했다. 그는 탄소 원자가 사슬 모양으로 서로 연결되며, 다른 탄소 원자와 얼마든지 결합할 수 있다는 새 개념을 창안했다.

```
     H              H  H              H  H
     |              |  |              |  |
 H - C - H      H - C - C - H     H - C - C - O - H
     |              |  |              |  |
     H              H  H              H  H
    메탄             에탄                 에탄올
```

케쿨레의 이러한 사슬학설에 기반한 구조식을 이용하면 리비히와 뵐러가 연구한 뇌산(雷酸)과 시안산의 이성질체도 아주 쉽게 이해할 수 있게 된다.

$$H-O-N \equiv C \qquad H-O-C \equiv N$$
$$\text{뇌산} \qquad\qquad \text{시안산}$$

그러므로 탄소 원자의 4가 결합을 중심으로 사슬학설에 적용해 물질의 구조를 조사해 보면 이성질체가 생겨나는 원인을 알 수 있다.

케쿨레가 이러한 생각을 하게 된 계기는 놀랍게도 한 편의 꿈 때문이라 한다. 그의 회고록을 참고해 케쿨레가 직접 밝힌 기막힌 '꿈'의 내용을 들어보자. 다음은 그의 회고록 속 이야기다.

"런던에 머무르던 어느 여름날 밤, 마지막 버스의 2층 좌석에 자리를 잡고 집으로 돌아가던 도중이었다. 나는 깜빡 잠이 들었고, 꿈속으로 빠져들었다. 그때 내 눈앞에서 원자들이 이리저리 뛰어다녔다. 나는 이 원자들이 운동하는 모양을 확실하게 알 수는 없었다. 오늘 희미하게 생각되는 두 개의 작은 원자가 서로 연결되어 한 쌍이 되었다. 큰 원자가 두 개의 작은 원자를 껴안았다. 또 더 큰 원자가 작은 원자 네 개를 껴안았다. 그리고 이 전체가 뱅글뱅글 돌았다. 큰 원자가 사슬을 만들고 그 끝에 작은 원자들이 매달려 끌려갔다. 그 순간, 버스 안내양의 '클랩험가!'라고 외치는 소리에 꿈에서 깨어났

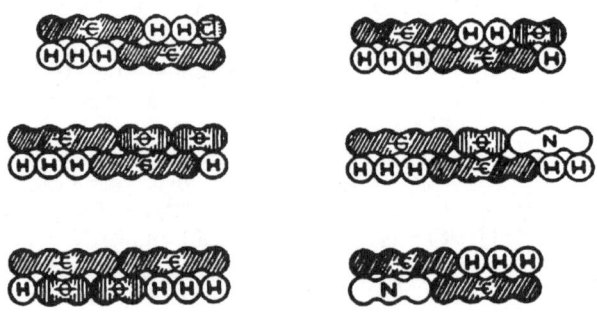

10-6 | 케쿨레의 사슬 모양 도식

다. 나는 그날 밤 늦게까지, 꿈에서 본 원자의 모양을 종이 위에 스케치했다."

이렇게 케쿨레는 1861년 자신의 저서 『유기화학 교과서』에 탄소의 사슬결합인 사슬 모양의 도식을 표시했다. 그러나 이를 본 많은 사람이 반대했고, 그중에는 '케쿨레의 소시지(Kekule's sausage formulass)'라고 비꼬는 사람도 많았다. 케쿨레는 자기 책의 개정판에서는 이 식을 바꾸어 직선(―) 기호를 사용했다. 아무튼 케쿨레는 유기화합물의 사슬형 구조 문제를 성공적으로 해결한 후, 벨기에 겐트(Gent) 대학교로부터 초빙을 받아 그곳으로 자리를 옮기게 되었다.

이 케쿨레의 사슬학설에 의해 비로소 뒤마가 제창한 유기물의 일원설도 무난히 해결되었다.

$$\text{H} - \underset{\underset{\text{H}}{|}}{\overset{\overset{\text{H}}{|}}{\text{C}}} - \underset{\underset{\text{H}}{|}}{\overset{\overset{\text{H}}{|}}{\text{C}}} - \underset{\underset{\text{H}}{|}}{\overset{\overset{\text{H}}{|}}{\text{C}}} - \underset{\underset{\text{H}}{|}}{\overset{\overset{\text{H}}{|}}{\text{C}}} \cdots\cdots \underset{\underset{\text{H}}{|}}{\overset{\overset{\text{H}}{|}}{\text{C}}} - \underset{\underset{\text{H}}{|}}{\overset{\overset{\text{H}}{|}}{\text{C}}} - \text{H} + \text{Cl}_2$$

초(탄화수소) 　　　　염소

$$\longrightarrow \text{H} - \underset{\underset{\text{H}}{|}}{\overset{\overset{\text{H}}{|}}{\text{C}}} - \underset{\underset{\text{H}}{|}}{\overset{\overset{\text{H}}{|}}{\text{C}}} - \underset{\underset{\text{H}}{|}}{\overset{\overset{\text{H}}{|}}{\text{C}}} - \underset{\underset{\text{H}}{|}}{\overset{\overset{\text{H}}{|}}{\text{C}}} \cdots\cdots \underset{\underset{\text{H}}{|}}{\overset{\overset{\text{H}}{|}}{\text{C}}} - \underset{\underset{\text{H}}{|}}{\overset{\overset{\text{H}}{|}}{\text{C}}} - \text{Cl} + \text{HCl}$$

탄소의 고리 결합 구조

1846년, 리비히의 제자인 호프만이 석탄 타르(tar)로부터 벤젠(C_6H_6)을 분리하는 데 성공한 이후, 이 벤젠의 분자구조를 해결기 위해 많은 학자들이 끊임없이 연구에 매달렸다.

벨기에 겐트 대학교에 있던 케쿨레는 기존의 사슬 모양 탄소연결론으로는 벤젠의 구조를 도저히 설명할 수 없었다. 여러 가지로 연구하고 고심한 끝에 이것도 꿈속에 나타난 하나의 환상(喚想)으로 무난히 탄소가 고리 모양으로 결합한 벤젠링(ring)을 창안해 냈다. 그러한 착상이 어떤 영감에 의해 그의 머릿속에 떠올랐는지, 케쿨레 자신의 회고 속 말을 다시 들어보자.

10-7 | 케쿨레를 그린 만화

"나는 교과서를 집필하고 있었다. 그러나 생각만큼 글이 쉽게 써지지 않았고, 내 정신은 자꾸만 다른 데로 흘러갔다. 나는 의자를 난로 옆으로 끌어당겨 앉은 채, 잠이 들어버렸다. 그 순간, 내 눈앞에 다시 원자들이 나타났다. 이번엔 작은 원자가 뒤쪽에 쪼그리고 앉아 있었다. 큰 구조를 가진 모양이 내 눈앞에 나타났다. 긴 열을 짓고 몇 겹으로 엉켜 모든 원자가 마치 뱀과 같이 돌고 있었다. 보라! 어떻게 되었는가? 한 마리의 뱀이 제 꼬리를 물고 내 눈앞을 뱅글뱅글 돌고 있지 않은가! 나는 전격을 받은 듯한 충격에 눈을 떴다. 그날 밤 나는 밤을 새워가며 육각형의 가설적인 구조, 즉 벤젠의 고리 구조를 만들어 낸 것이다."

10-8 | 케쿨레의 환상결합을 설명하는 모습

이렇게 1865년에 드디어 케쿨레는 벤젠의 육각형 환상식의 가설을 제창했다. 그는 벤젠 분자의 결합 모양을 마치 원숭이 손과 꼬리가 다시 결합해 서로 두 개씩 이중(二重) 결합을 이루는 모습으로 표현했다.

또는

벤젠

케쿨레의 이러한 가설은 유기화합물의 두 주요 그룹인 쇄상화합물과 환상화합물의 기본 구조를 확립하는 데 결정적인 역할을 했다. 이는 매우 유효하고 혁신적인 가설이었다. 이 가설 덕분에 유기화학은 비약적인 발전을 이루었고, 수천 수만 가지의 새로운 유기화합물이 잇따라 발견되고 합성되었다.

유기물의 광학 이성질체

루이 파스퇴르(Louis Pasteuer, 1822~1895년)는 프랑스가 낳은 또 하나의 위대한 학자였다. 그는 훗날 세균학의 창시자로 널리 알려지게 되었지만 처음에는 화학자로서 이상한 것을 발견했다.

포도주 양조 과정에서 생기는 주석(酒石)에서 얻을 수 있는 타르타르산의 빛(광선)에 대한 이상한 성질을 보였다. 이 현상은 프랑스의 광학 분야 대가인 비오(Biot, 1774~1862년)가 무려 18년에 걸쳐 연구했음에도 명확히 설명되지 않았다. 그 당시 알려진 것은, 단지 우선

10-9 | 파스퇴르

광성(右旋光性)을 지닌 타르타르산과 선광성이 없는 타르타르산의 존재뿐이었다. 그런데 불과 26세였던 파스퇴르가 1848년 5월 15일 프랑스 학사원에 제출한 보고서에서 이 타르타르산이 보여주는 이상한 광학적 현상이 해결되었다.

선광성이란 광선이 규칙적으로 원자가 배열된 결정을 통과할 때, 결정축(結晶軸)을 따라 진동하는 특정한 방향의 편광(偏光)으로 변한 빛의 진동면이 회전하는 현상을 말한다. 이때 왼편으로 회전시키는 것을 좌선광성이라 하고, 오른편으로 회전시키는 것을 우선광성이라 한다.

비오는 우선광성을 지닌 타르타르산과 선광성이 없는 타르타르산, 이렇게 두 종류만을 발견하고, 자연계에는 좌선광성 타르타르산은 존재하지 않는다고 주장했다. 그러나 이 젊은 파스퇴르는 좌선광성 타르타르산을 발견하는 데 성공했다.

자연의 현상에는 우선광성형이 있다면 좌선광성형도 반드시 존재할 것이라고 생각한 파스퇴르는, 마치 인간의 손이 왼손과 오른손으로 나뉘는 것처럼 광학적 대칭성을 지닌 쌍이 존재할 수 있다고 보았다. 그는 여러 농도와 온도 조건을 달리해 실험한 끝에, 마침내 좌선광성을 지닌 타르타르산 결정을 핀셋으로 골라내는 데 성공했다. 이처럼 화학적 조성은 완전히 같지만 광학적 성질이 다른 물질을 광학적 이성질체라고 한다.

파스퇴르에 의해 자연계에는 좌선광성 타르타르산과 우선광성 타르타르산이 모두 존재한다는 사실이 밝혀졌다. 그러나 이러한 광학적 이성질체가 왜 생겨나는지, 그 근본적인 원인은 당시로서는 알 수 없었다.

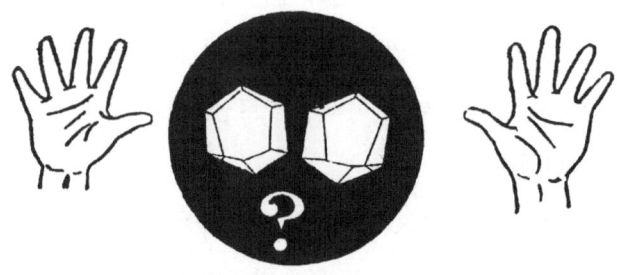

10-10 | 좌선광선과 우선광선 관계

비대칭 탄소원소

이 문제는 파스퇴르가 최초의 발견을 한 지 20년 후, 케쿨레의 사슬학설이 제안된 지 16년이 지난 뒤에야 해결되었다. 바로 케쿨레의 사슬학설과 탄소의 원자가가 '4가'라는 조건을 이용해 무난히 이 이유를 해결한 사람이 바로 케쿨레의 제자 반트호프였다. 반트호프는 1874년, 화합물의 구조는 완전히 같은데 성질이 약간 다른 이유는 그 분자를 구성하는 원자의 공간적 배열이 서로 다르기 때문이라고 설명했다.

반트호프는 은사인 케쿨레에게서 공상(空想)과 꿈꾸는 법을 배웠다. 그는 가끔 아무도 없는 조용한 곳을 찾아, 스승이 가르쳐준 대로 공상과 사색의 시간을 즐기곤 했다. 신선한 공기를 마시며 먼 지평선을 바라보고, 네덜란드 포플러나무가 우거진 들판길을 정처 없이 걷던 어느 날, 그의 머릿속에 '비대칭(非對稱) 원자'라는 개념이 문득 떠올랐다.

은사인 케쿨레가 밝힌 '탄소는 네 개의 원자가를 가진다'는 사실에 대해 반트호프는 가장 간단한 이론을 대담스럽게 채택했다. 즉, 공간적 배열은 대칭적이고 그 결합각은 같다고 가정했다.

〈그림 10-11〉에서처럼 탄소에 결합된 네 개의 원자

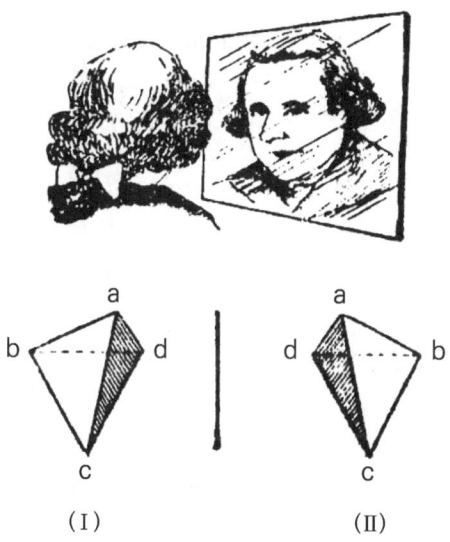

10-11 | 사면체 배열과 실상 및 거울상

가 모두 다를 때는 (I)과 (II)와 같이 실물과 거울상 간의 관계와 같아져 서로 다르게 된다. 이렇게 탄소 원자에 네 가지 서로 다른 원자나 원자단이 결합되어 있을 때, 그 탄소 원자를 비대칭 탄소 원자라고 한다. 비대칭 탄소 원자를 가진 화합물에서는, 실물과 거울상과 같은 관계의 두 물질이 존재할 수 있음이 밝혀졌다.

이러한 이론을 통해, 자연계에 좌선성형과 우선성형이 존재할 수 있는 이유도 명확히 설명할 수 있게 되었다. 반트호프는 이러한 탄소 원자의 공간적 배치상태를 제안하고 또 나중에 용액의 삼투압을 연구해 드디어 1901년 제1회 노벨 화학상을 수상하게 되었다.

스웨덴 왕립 과학 아카데미는 야코뷔스 헨리퀴스 반트 호프가 화학동력학의 법칙과 용액의 삼투압 법칙을 발견하는 데 보여준 우수한 업적에 의해, 알프레드 노벨에 의해 1895년 11월 27일 작성된 유언장 규정에 따라 "화학 영역에서의 가장 중요한 발견 또는 개량을 한 사람들"에게 금년도 주어질 상을 그에게 줄 것을 1901년 11월 12일의 회의에서 결정했다.

스톡홀름 1901년 12월 10일

왕립 과학 아카데미 회장　　　C.T. 오드네르
왕립 과학 아카데미 서기　Chr. 아우리빌리우스

10-12 | 반트호프가 받은 제1회 노벨상장

노년기

케쿨레는 1867년 본으로 이사한 이후, 그의 후반 생애를 아름다운 라인 강가의 한 마을에서 조용히 지냈다. 그는 리비히의 충고를 따라 평생 건강을 돌보지 않은 채 공부했던 까닭에 고생이 많았다. 많은 질병에 시달렸고, 건강도 무척 나빠졌으므로 사교 활동도 끊고 홀로 우울과 고독 속에서 보내는 날이 많았다. 그가 대중 앞에서 마지막으로 한 강연은 1890년 3월 11일 독일 화학회가 주최한 그의 벤젠 이론 발표

10-13 | 본 대학교에 있는 케쿨레의 기념비와 저자

25주년 축하 행사에서였다.

  1896년 4월 카셀로 여행하던 중 갑자기 케쿨레는 오한과 심장 쇠약 증세를 보이며 위험한 상태에 빠졌다. 그러나 다행히 목숨은 건질 수가 있었다. 그해 여름 7월 13일, 그는 심장 장애로 영원히 눈을 감았다. 향년 67세였다. 훗날 본 대학교 교정에는 그를 기념하는 큰 기념비가 세워져 그의 업적을 영원히 기리고 있

10-14 | 벤젠구조를 축하하는 기념우표

다. 1966년 저자는 이 케쿨레 기념비 앞에 서서, 꿈 많고 위대한 독일 화학자를 떠올리며 고개를 숙였다. 아름다운 라인강물 위에 아련히 떠오르는 케쿨레의 모습을 회상하며, 나그네의 떨리는 가슴을 달래 보기도 했다.

  1964년은 케쿨레의 벤젠 구조론 발표 100주년이 되는 해였다. 독일은 그를 기념해 기념우표를 발행했고, 벨기에도 칸 대학교 교수였던 그를 기념해 기념우표를 발행함으로써, 그의 놀라운 '꿈'과 업적을 전 세계에 널리 알렸다. 비록 케쿨레는 100여 년 전에 세상을 떠났지만, 그가 발견한 벤젠 구조식은 오늘날까지도 모든 화학 교과서 속에 살아남아 있게 되었다.

11

로베르트 빌헬름 분젠
Robert Wilhelm Bunsen
1811~1899년

분젠은 1811년 3월 31일 독일 괴팅겐(Gottingen)에서 태어나 1899년 8월 16일 하이델베르크(Heidelberg)에서 생을 마감했다.

소년 시절

분젠의 아버지는 괴팅겐 대학교의 언어학 교수이자 도서관장이었으므로 그는 고등학교까지는 무난히 졸업할 수 있었다. 대학에 입학한 뒤에는 카드뮴의 발견자로 알려진 슈트로마이어(Stromeyer)에게서 화학을 배웠다.

스물한 살이 되던 해, 분젠은 유럽 여행길에 올라 베를린을 시작으로 프랑스, 스위스와 오스트리아 등 여러 지역을 두루 돌아다녔다. 이때 특별히 정해진 선생에게 공부한 적은 없었다. 단지 각지의 화학자와 만나서 이야기하고, 각 지방의 화학공업 특히 제조소나 제염업(製鹽業)과 탐광(探鑛) 사업 등을 관찰하는 것이 목적이었다.

생애

독일로 돌아온 분젠은 1834년 괴팅겐 대학교의 강사가 되었다. 1836년에는 뵐러가 있던 카셀(Kassel)의 공업학교에서 학생들을 가르쳤다. 1839년에는 마르부르크(Marburger) 대학교의 교수가 되었고, 1852년 하이델베르크 대학교의 교수로 부임했다. 그는 이 대학에서 37년 동안이나 재직한 뒤, 1889년에 은퇴했다. 은퇴 후에는 자신이 근무하던 화학교실에서 멀지 않은 분젠가(Bunsen Strasse) 새집에서 살았으며, 그곳에서 묵상과 산책으로 남은 생을 조용히 보냈다고 전해진다.

분젠의 성격

분젠의 성격 중에서 특별한 점 몇 가지를 살펴보자.

- **건망증**

분젠은 역사에 남을 만한 건망증을 가진 인물이었다. 연구에 너무 몰두한 나머지, 자신의 결혼식 날짜를 잊어버렸다는 일화는 너무나 유명하다.

한 번은 이런 우스운 일이 벌어졌다. 슈르츠(Schurtz) 각하 부인이 카드놀이 모임에 분젠을 초대했다. 분젠은 그날 아침에 심부름하는 사람에게 그날 저녁에 입고 갈 예복을 준비해 걸어두라고 지시했다. 그다음 날 심부름하는 사람이 분젠의 침실에 와보니 어제 자기가 놓아둔 그대로 예복이 걸려 있었다. 그가 분젠에게 "어제저녁에 예복을 입지 않았냐"고 물었더니, 그제야 분젠은 깜짝 놀라며 카드놀이 모임을 감쪽같이 잊어버린 것을 알았다. 하는 수 없이 분젠은 일어서면서 좋은 생각이 떠올랐다. 그날 저녁에 분젠은 아무것도 모른 척하면서 슈르츠 각하 부인을 찾아가서 카드놀이 모임에 초대를 받아 고맙다는 인사를 정중히 했다. 각하 부인도 분젠의 성격을 잘 알고 있었기에 카드놀이는 어제저녁에 끝났다고 차마 말할 수 없어 분젠을 집 안으로 들어오게 한 뒤 분젠을 위해 다시 카드놀이를 마련해 주었다는 것이다.

분젠은 자기 꾀가 이렇게 잘 들어맞는 것에 즐거워하며 바로 그 시간에 자기 꾀를 모르고 모인 손님들을 향해 옛날 일처럼 말했다. 자기가 어느 때 카드놀이에 초청받았는데 그날을 깜빡 잊어버려 다음 날 연극을 꾸며 성공한 일이 있었다고 했다. 바로 지금이 그 시간인지도 잊어버리고 마치 옛날이야기처럼 일장 연설을 하는 악의 없는 분젠의 얼굴을 가득 모인 손님들은 그저 웃음과 눈물겨운 동정으로 바라보기만 했다는 이야기가 전해진다.

- **'파파' 분젠**

그러나 가장 생생하게 역사에 남아 있는 분젠의 성격은 학생들에게 사랑하는 아버지로서 통상적으로 알려져 있다는 점이다. 분젠의 별명은 '파파 분젠'이었다. 분젠은 손가락이 보통 사람보다 몇 곱이나 커서 유리 세공을 굉장히 잘했다. 어느 날 한 학생이 파파 분젠에게 유리 기구를 만들어 달라고 부탁했다. 분젠은 땀을 흘리면서 몇 시간에 걸쳐 유리 기구를 만들었다. 그런데 이 학생이 유리 기구를 받자마자 잘못해서 깨뜨려 버렸다. 분젠은 다시 힘들게 유리 기구를 새로 또 하나 만들어 주었다. 이번에는 깨뜨리지 않겠다고 너무 벌벌 떨다가 그만 또 깨뜨려 버렸다. 그러자 분젠은 울상을 짓는 학생의 등을 두들기면서 위로해 주고 또다시 새 유리 기구를 세 번씩이나 만들어 주었다. 그는 학생에게 '파파 분젠'이라는 말을 수없이 들었던 일도 있었다.

파파 분젠은 손가락이 컸을 뿐 아니라 유리 세공을 견뎌내며 뜨거운 불을 참는 힘도 굉장했다. 그는 학생들에게 불꽃을 설명할 때 여기는 1,500도 정도이며, 여기는 2,000도 정도라고 자신의 손가락을 불꽃 속에 집어넣고 설명하기도 했다. 유리 세공 중 뜨겁게 적열된 유리관을 쥐고 손가락에서 흰 연기가 점점 올라올 때 참다못해 "앗! 뜨거워" 하면서 귓불을 만지는 모습을 본 학생들은 모두가 얼굴 가득 웃음을 띠며 책상을 치고 발을 굴리면서 '파파 분젠'을 외치며 감탄과 찬양의 도가니 속으로 그를 몰아넣기도 했다.

- **겸허한 태도**

분젠의 강의는 대부분이 실험 강의였다. 그런데 이 실험을 위해 준비해 온 조교는 이 장치를 분젠이 직접 하나씩 검사해 보고, 자신이 설

때까지 몇 번이고 주의 깊게 조사해 보는 모습을 보고 깜짝 놀랐다. 분젠 같은 거인이 그렇게 세심하게 모든 일을 처리해서 주위 사람이 모두 놀랐다. 심지어 자기 자랑을 전혀 하지 않았다고 한다. 강의 시간에 자신이 발견한 사항이나 발명한 장치나 새로운 실험법을 마치 다른 사람이 한 것처럼 겸손한 태도로 그런 일이 있었다는 식으로 설명했다. 그러나 학생들은 이 모든 사실을 이미 다 알고 있었으므로 이럴 때마다 책상을 두드리고 박수를 치고 발을 구르면서 '파파 분젠'이라고 소리치며 그를 높이 떠받들었다. 그래서 분젠의 공적은 더욱 크게 드러나는 것이었다. 실로 사랑과 겸손에 가득 찬 온화한 아버지인 분젠은 날이 갈수록 학생 사이에 절대적인 존재로 부각되었다.

• 폭발 사고

분젠이 백금족 금속을 연구하던 1869년경의 일이었다. 어느 날 로듐과 이리듐의 혼합분말을 취급할 때, 그 속에 흡착된 수소 때문이었는지 뜻하지 않게 큰 폭발이 일어났다. 이 사고는 밤중에 일어난 일이었다. 이튿날 아침 온 학교에는 분젠이 사고로 장님이 되었다는 소문이 퍼져 나갔다. 모든 학생뿐 아니라 하이델베르크의 온 시민까지도 불안과 걱정에 싸여 분젠의 화학교실 앞에 모여들었다. 어떤 이는 울기도 하고, 기도를 드리기도 하고, 혹은 침묵 속에서 완쾌를 빌기도 했다. 얼마 후 주치의가 손수 발코니에 나타나서 무사하다는 사실을 알리자, 사람들은 하늘을 찌를 듯 큰 소리로 소리쳤다. 젊은 학생은 모두가 공중 높이 모자를 던지며 남자들은 서로 껴안고 등을 두들기고 여자들은 눈물을 훔치며 기뻐했다고 한다. 그날 저녁에 촛불 행렬이 분젠의 연구실까지 잇달았고 선생의 창가에서 학생들이 부르는 축하 합창이 대학도시 하이델베르크의 밤공기를 한없이 진동시켰다. 이처럼 거인의 체구를 가진 분젠은 대학뿐만 아니라 하이델베르크시 전체에서 총애받는 학자였다.

- **낙망이 없는 무서운 성격**

1874년 분젠의 나이가 63세였던 어느 여름날이었다. 분젠이 희토류 금속의 연구를 모두 끝내고 3년간 노력의 결과를 논문으로 정리해 발표하려는 무렵에 이런 일이 일어났다. 즉, 분젠은 정리한 원고와 스펙트럼의 그림 등을 책상 위에 놓고 점심 식사를 하기 위해 잠깐 밖으로 나갔다. 잠시 후에 돌아온 분젠은 실험실이 연기로 가득하고, 책상 위에 놓아둔 모든 서류가 없어지고 흰 재만 남아 있는 것을 보았다. 책상 위에 둔 물질에 창문을 통해 햇빛이 비쳐 마침 그 초점이 맞는 곳에 모든 서류가 놓여 있었기 때문에 물리적 법칙에 따라 자연 발화 현상으로 모든 것을 태워버렸던 것이다. 3년간의 피와 땀의 결과를 순식간에 태워버린 분젠의 낙망과 절망은 어떠했을지 우리는 짐작하기 어렵다. 그러나 그 순간 용기를 내 같은 연구를 계속해 다시 시작한 이 63세 화학자의 모습 앞에 그 주변의 모든 사람이 머리를 숙였다고 한다.

분젠의 업적

• **가스 분석**

분젠의 가스 연구는 대단히 중요했다. 가스의 채집법, 저장법, 밀도 측정법, 흡수율 측정법, 확산속도 측정법, 연소법, 폭발시험법 등에 관한 연구를 꾸준히 했다. 이런 연구를 종합하여 '가스 정량법'을 1857년에 출판했다.

• **분젠전지**

분젠이 30세 때 1841년 분젠전지를 발명했다. 분젠전지는 옛날의 그로브(Grove)전지를 개조해 양극으로는 백금 대신 탄소를 쓰고, 음극은 그대로 아연을 써서 이른바 '아연-탄소 전지'를 만들어 오랫동안 사용해도 전력이 약해지지 않게 만들었다. 이것은 훗날 축전지가 발명될 때까지 널리 사용되어 전지의 왕자가 되었다. 분젠은 이 전지를 사용해 물의 전기분해를 비롯해 전기를 조명에 이용할 수 있는 실용적 효과를 연구하고 여기에 수반되는 광도계(光度計)를 만들기도 했다.

• **분젠등**

분젠은 1855년 하이델베르크 대학교에 있을 때 처음으로 석탄가스의 공급이 시작되는 것을 계기로, 특수한 실험실용 가스 연소 등을 발명했다. 이것을 분젠등(Bunsen burner)이라고 하는데, 굉장히 높은 온도

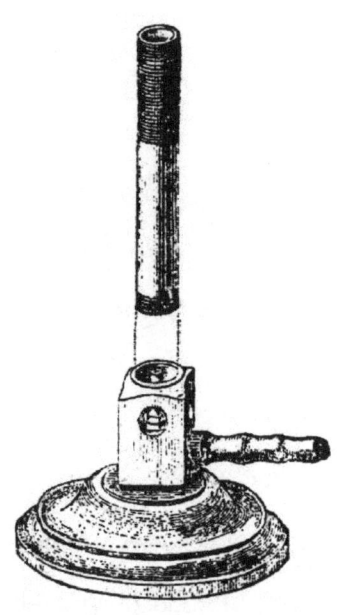

11-1 | 분젠등

를 손쉽게 얻을 수 있는 장치였다. 오늘날도 실험실에는 세계적으로 이 분젠등을 사용하는데, 이 등으로 쉽게 산화 불꽃, 환원 불꽃 등을 얻을 수 있게 되었다. 그는 이 분젠등을 이용해 많은 광석을 분석하는 데 성공했다. 1866년에는 『불꽃 반응』을 출판했다.

　이 분젠등에서 나오는 불꽃이 무색이므로 불꽃 반응에 응용할 수 있었다. 예를 들어 나트륨은 불꽃이 황색이며, 칼슘은 적색이며, 바륨은 황록색의 불꽃을 나타내므로 이런 색깔로 쉽게 금속 종류를 찾아낼 수 있었다. 이런 것을 '스펙트럼 분석법'이라 한다.

분젠과 키르히호프의 스펙트럼

1814년 독일의 가난한 거울 제조인이었던 프라운호퍼(Joseph von Fraunhofer, 1787~1826년)는 태양광선의 스펙트럼 중에 흑선이 700개 이상 되는 것을 보았는데, 그중에서 특히 두드러진 흑선 8개에 대해 A, B, C … H까지 번호를 붙였다. 그리고 그는 태양 스펙트럼의 흑선의 파장도 측정했다.

그는 다시 알코올램프 속에서 소금을 가열하고 그 불꽃의 스펙트럼을 조사해 단지 한 개만이 황색으로 빛나는 것을 보았다. 이것이 바로 태양 스펙트럼 중 D흑선의 위치와 일치한다는 사실도 발견했다.

11-2 | 프라운호퍼

11-3 | 키르히호프

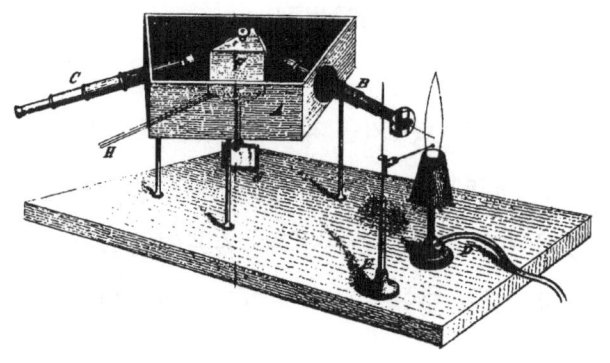

11-4 | 분젠의 분광기

하이델베르크 대학교 물리학 교수인 키르히호프(Gustav Robert Kirchhoff, 1824~1887년)와 분젠은 착색 불꽃의 스펙트럼을 조사하게 되었다. 그들은 제일 먼저 소금의 불꽃에서 발생하는 황색은 프라운호퍼의 D흑선과 일치된 위치에 생기는 것을 발견했다. 또한 백열된 석회로부터 발생하는 빛과 프리즘 사이에 소금의 불꽃을 놓을 때 인공적으로 D선을 재현시킬 수 있다는 사실도 알았다.

"어떤 기체는 그것이 고온에서 방사하는 것과 똑같은 파장의 빛을 저온에서 흡수한다"는 키르히호프의 법칙을 쉽게 발견할 수 있었다. 그러므로 태양면의 가스 속에 갖가지 원소가 있어서 이들이 태양광선 속에서 갖가지 원소의 고온에서 발생하는 빛과 똑같은 파장의 부분을 흡수하는 것을 알았다. 따라서 그 원소 중에 나트륨이 있어서 D흑선이 생기게 되는 것도 이해할 수 있다.

벤젠과 키르히호프는 우선 스펙트럼의 관측을 쉽게 하려고 분광기를 만들었다. 그 중요한 부분은 프리즘이며 여기에 두 개의 작은 망원경을 붙이고 이것을 한 개의 상자에 넣은 것이다. 극히 간단한 기계였으나 1mg의 몇백 만분의 1이라는 아주 적은 양까지도 검출할 수 있었다.

리튬, 나트륨, 칼륨 등의 염류를 불꽃에 넣고 그 분광기로 관측하면 모두가 한결같이 빛깔 있는 휘선(輝線)이 나타나는 것을 보았다. 이들 휘선의 위치, 즉 파장은 고유한 것으로 공통된 것이 하나도 없다는 것도 알았다.

• **원소의 발견**

1860년에 분젠과 키르히호프는 분광분석법으로 세슘을, 1861년에는 루비듐을 발견했다.

세슘은 하이델베르크에서 멀지 않은 곳의 온천수를 원료로 써서 발견했는데, 그들은 이 온천수 40톤을 농축시켜 겨우 17g의 염화세슘을 얻었다. 이것의 스펙트럼으로부터 4555Å과 4593Å에서 나타나는 두 가지의 청색 휘선을 발견했는데, 이것은 그때까지 어떤 원소에서도 찾아볼 수 없었다. 그러므로 그들은 이것이 지금까지 없는 새 원소임에 틀림없다고 생각했다. 따라서 이 새로운 원소는 라틴어로 '청공'이라는 뜻을 가진 'casesius'라는 말을 따서 세슘이라고 불렀다.

다음 1861년에 그들은 레피도라이트에서 특이한 휘선이 나타나는 것을 발견했다. 특히 두 가지의 적색선이 강했으므로 빨간색을 뜻하는 말 'rubidus'의 뜻을 따서 이 원소를 루비듐이라 불렀다.

이와 같은 스펙트럼 분석법은 훗날 수많은 새 원소를 발견할 때 많이 이용되었다(13 참조).

• **카코딜기의 발견**

1837년 카셀 시대부터 1843년의 마르부르크 시대까지 분젠은 오랫동안 아비산 연구를 계속하며 카코딜(cacodyl)의 연구에 많은 힘을 기울였다. 그는 무서운 독성을 지닌 비소의 유기화합물 연구에 착수했고, 그 결과 카코딜이 금속의 산화물과 유사한 성질을 지닌다는 사실을 발견했다.

카코딜은 무수아비산에 초산칼륨을 반응시키면 얻을 수 있는데

$$4CH_3COOK + As_2O_3 \rightarrow 2CO_2 + 2K_2CO_3 + \left(\begin{matrix}CH_3\\CH_3\end{matrix} \rangle As\right)_2 O$$

　　초산칼륨　　무수아비산

분젠 시대에는 유기물의 구조를 결정하는 것이 불가능했으므로 그는 많은 화합물 중에 $(CH_3)_2As =$ 기가 포함되어 있음을 발견하고 이를 카코딜기라고 명명했다. 이 발견으로 분젠은 단번에 유기화학자로 유명해졌다. 그러나 카코딜 화합물의 강한 독성으로 인해 분젠은 며칠 동안 생사의 갈림길을 헤매었고, 결국 한쪽 눈의 시력을 잃게 되었다. 이러한 비극적인 흔적을 몸에 남긴 채 분젠은 유기화학을 중단하고 무기화학 분야로 연구 방향을 전환했다.

- **분젠의 업적 종합**

분젠의 중요한 연구 업적을 종합하면 다음과 같다.

용광로의 배출가스의 연구(1838~1839년), 분젠전지 발명(1841년), 광도계의 발명(1844년), 지학현상의 화학적 연구(1844~1846년), 압력과 용융점과의 관계규명(1850년), 마그네슘, 알루미늄 등의 제조법 발견(1852~1855년), 요오드 적정법(1853년), 광화학의 연구(1855~1863년), 화약폭발의 연구(1857년), 희토류원소에 관한 연구(1860년), 불꽃 반응의 연구(1866년), 백금족원소의 분리(1868년), 여과펌프의 발명(1868년), 빙열량계의 발명(1870년), 온천수의 분석(1871년), 증기열량계의 발명(1887년) 등 수많은 업적을 남겼다. 그중에서도 그는 제자를 양성하는 데 큰 힘을 기울였다. 화학계에서 활동하는 많은 석학들이 분젠 밑에서 배운 제자들이었다.

노년기

참으로 자애로웠던 분젠, 하이델베르크의 상징이자 '파파 분젠'으로 불리던 그는 세월이 흐르는 동안 어느덧 78세가 되어 하이델베르크 대학교에서 은퇴하게 되었다. 분젠은 자신의 이름을 따서 지어진 분젠가(Bunsen Strasse)에 집을 마련하고, 묵상과 산책과 고독으로 노년의 시간을 보내며 여생을 보냈다.

카코딜 연구 당시 실명된 오른쪽 눈에 더해, 이제는 왼쪽 눈의 시력마저 약해져 독서조차 할 수 없었다. 청력도 점차 약해져 하루 종일 침묵과 명상 속에서 죽음을 기다리는 생활이 이어졌다. 기력도 차츰 쇠약해져, 그가 가장 좋아하던 산책조차 할 수 없게 되었다. 오늘을 함께 위로해 줄 아내도, 내일의 희망을 걸 수 있는 자식

11-5 | 분젠가에 있는 분젠 동상과 저자

도, 과거를 돌아보며 위안을 얻을 만한 여유도 그에게는 충분하지 않았다. 그가 생전에 이룩한 수많은 업적은 단지 학문의 진보를 위해 이바지한 것뿐이었다.

고독과 절망 속에서 분젠을 더욱 괴롭힌 것은 동료나 제자들이 하나둘씩 자신보다 먼저 세상을 떠나는 일이었다. 그중에서도 분젠이 가장 아끼고 사랑했던 제자, 자신의 조교이자 후계자로 여겼던 빅토어 마이어(Viktor Meyer)가 먼저 세상을 떠난 일은 그의 마음을 가장 아프게 했다.

나이는 많고, 귀는 멀고, 눈마저 보이지 않게 된 분젠은 실망과 고독 속에서 방황하다가 마침내 세상을 떠날 준비를 하게 되었다. 이미 그의 눈은 삶의 빛을 잃고 감겨 있었지만, 진정으로 영원한 잠에 든 날은

1899년 8월 16일이었다. 서늘한 가을바람이 대지를 스칠 무렵, 이 위대한 거인의 생애는 조용히 막을 내렸다.

오늘도 아름다운 옛 도읍, 하이델베르크에는 그 이름만큼이나 아름다운 낙조와 더불어 네카어강 기슭에서 조금 떨어진 분젠가에 서 있는 분젠의 동상이 여행자들의 가슴을 벅차게 하며, 그의 발자취를 묵묵히 증언하고 있다.

저자는 1955년 가을부터 1956년 가을까지, 분젠이 강의했던 곰팡내 나는 오래된 교실에서 강의를 들으며 아침저녁으로 그의 동상을 바라보았다. 그리고 희망과 야망으로 가득 찬 열정 속에 화학 실험에 몰두하면서, 100여 년 전의 선배가 남긴 그 엄숙한 역사 앞에 머리 숙이고, 자애로움이 넘치는 '파파 분젠'을 닮으려고 하루에도 몇 번씩이나 얼마나 가슴 졸이며 그를 사모하곤 했다. 누군가가 말했듯, "사랑과 과학에는 국경이 없다"는 말을 지금도 곱씹어 본다.

12

드미트리 이바토비치 멘델레예프
Dmitri Ivanovich Mendeleev
1834~1907년

멘델레예프는 1834년 2월 7일 시베리아의 토볼스크(Tobolsk)에서 태어나, 1907년 2월 2일 페테르부르크(Petersburg, 현재의 레닌그라드)에서 세상을 떠났다.

소년 시절

멘델레예프의 아버지 이반 파블로비치(Ivan Pavlovitch)는 러시아 페테르부르크 대학의 사범학과를 졸업한 뒤, 시베리아의 작은 마을 토볼스크에 있는 고등학교의 교장이 되었다.

이 마을로 부임해 온 파블로비치는 대대로 그곳에 살고 있던 코르닐리에프(Komiljew) 가문의 아름다운 딸 마리야 드미트리예브나(Maria Dmitriwna)와 결혼했는데 이 여인이 바로 멘델레예프의 어머니다. 두 사람 사이에는 14명의 자녀가 있었으며, 그중 제일 막내가 위대한 화학자가 된 멘델레예프였다.

멘델레예프는 1834년 1월 27일 톨스토이보다 6년 늦게, 차이콥스

키보다 6년 먼저 러시아 사람으로 이 세상에 태어났다. 멘델레예프의 아버지도 훌륭한 분이었지만 그의 어머니 마리야는 참으로 세상에서 보기 드문 현명한 여성이었다. 그 당시 여성에게 교육을 시키지 않는 풍습을 안타까워하며, 그녀는 오빠가 공부하는 모습을 등 너머로 지켜보며 독학으로 교과 내용을 거의 통달했을 만큼 아주 총명한 사람이었다. 그녀는 여러 자녀 중에서 가장 영리하고 똑똑해 보였던 막내아들 멘델레예프만큼은 꼭 과학자로 키우겠다고 결심하고 정성을 다해 길렀다.

추운 시베리아 벌판의 독특한 대자연 속에서 조그마한 마을의 아담한 풍경을 배경 삼아 멘델레예프는 자연과 조물주의 오묘한 이치를 배웠고, 어머니의 공장에서 일하는 노동자의 모습에서는 인간과 그의 뼈아픈 노동의 참된 가치를 깨달았다. 이처럼 어머니의 치밀한 계획과 엄숙한 사랑 아래에서 자라난 멘델레예프는 마침내 고등학교에 입학하게 되었지만, 고등학교 시절 그의 성적은 꽤 퍽 나쁜 편이었다.

멘델레예프는 수학에는 꽤 흥미를 느꼈으나, 어학 특히 라틴어는 가장 싫어하는 과목이었다. 라틴어가 얼마나 싫었던지 고등학교를 졸업하던 날 동무들과 함께 학교 뒷산에 올라가 각자 자신들의 라틴어 교과서를 모아 불을 지르고는 손뼉을 치며 서로의 졸업을 축하했다고 한다.

이처럼 고등학교 시절의 멘델레예프는 말썽을 부리는 학생이었고, 어머니의 속을 무던히도 썩게 만들었다.

출발

장님이 되어 불행한 나날을 보내고 있던 멘델레예프의 아버지는 폐렴으로 세상을 떠났다. 얼마 후 마리야가 경영하던 유리 공장에서 불이 나 공장이 완전히 불에 타 없어졌다. 그러나 마리야는 위대한 여성이었다. 57세의 멘델레예프의 어머니는 다른 자식들을 모두 고향에 남겨 두고, 막내아들 멘델레예프와 함께 나그네 길에 올랐다. 그것은 오직 하나, 막내아들을 러시아 수도인 모스크바로 데려가 대학에 입학시키려는 한 가지 희망 때문이었다.

이 희망만이 그녀의 마지막 희망이자 소원이었다. 돈도 없고 권력도 없는 몸으로 우랄의 험준한 산맥을 넘어 눈보라 속에서 헤매던 그 시절의 고통이야 얼마나 컸으랴! 발이 부르터 한 걸음도 더 걷지 못하게 된 아들의 손을 이끌고, 이를 악물고 모스크바를 향해 나아가던 어머니의 가슴은 얼마나 아프고 괴로웠겠는가!

실망과 용기

급기야 모스크바에는 도착했지만 고등학교 성적이 좋지 않았던 멘델레예프를 받아주는 대학은 없었다. 수만 리 타향에서 고생스러운 여정을 이어왔건만 단 하나의 마지막 희망이 사라지는 순간 어머니의 낙담한 얼굴과 눈물겨운 표정은 멘델레예프가 죽을 때까지 잊지 못한 깊고 무서운 인상이었다고 전해진다.

아들의 두 어깨 위에 자신의 전 생애와 소망을 걸었던 어머니는 다시 용기를 내어 다른 곳, 상트페테르부르크로 향하는 먼 길을 떠나기로 결심했다. 이곳은 남편이 졸업한 모교가 있는 곳이었다. 당시 그 대학 부속 사범학교 교장은 다행히도 그녀의 남편과 동창생이었기 때문에 특별 전형을 통해 멘델레예프는 관비생으로 사범과 이학부에 입학할 수 있었다.

고아가 된 멘델레예프

멘델레예프의 어머니는 자신이 간절히 바라던 희망이 마침내 눈앞에서 현실로 이루어지자, 지금까지의 모든 어려움과 고생이 삽시간에 사라진 듯 기쁨으로 가득 차, 곧 하늘로 날아오를 것만 같았다. 그러나 이 행복한 순간도 오래가지 못했다. 자신의 의무를 다했다고 여긴 멘델레예프의 어머니는 앓아오던 고질적인 심장병이 갑자기 악화되어 영원한 안식처인 저 세상으로 떠나고 말았다.

1850년 9월, 가을바람이 들국화 잎을 스치던 그때, 만 리 타향 외딴 조그마한 묘 앞에 엎드려 흐느끼는 고아 멘델레예프의 눈물겨운 심정을 과연 그 누가 알 수 있으랴! 부모도 없고 재산도 없고 아는 이 하나

없는 이 외로운 고아 멘델레예프는 그날부터 새 사람처럼 달라지기 시작했다. 자애로웠던 어머니의 얼굴은 외로운 그를 한없이 격려해 주었고, 꿈속에서도 늘 그를 따뜻하게 위로해 주는 존재였다.

어머니의 속을 그렇게도 태웠던 멘델레예프는 이제 자신의 온 정성과 열정을 공부와 연구에 바치게 되었다. 나이 겨우 16세였던 멘델레예프는 그때부터 완전히 달라진 사람이 되었다. 유혹과 타락이 그를 휩쓸려고 할 때마다, 자애로움이 가득한 어머니의 얼굴이 늘 그의 눈앞에 떠올라 그를 바른길로 이끌어 주었다.

대학 졸업

확실히 멘델레예프는 어머니가 돌아가신 그날부터 전혀 다른 사람이 되었다. 어머니의 넋 앞에 쓰러져 울던 그 순간부터, 멘델레예프는 마음속 깊이 큰 결심을 하게 된 것이다.

너무나 열심히 공부하고 연구한 나머지, 한때 그는 죽음에 가까운 폐병에 걸려 피를 여러 번 토하며 어두운 병상에서 고통과 절망에 시달리기도 했다. 그러나 마침내 명예로운 우등생으로 졸업하며 금시계를 상으로 받던 날, 그의 동료와 선생님들까지도 깊은 감격과 연민의 눈물을 흘렸다. 그 졸업식장은 순식간에 눈물바다로 변했다. 이 졸업식에 출석했던 많은 사람들은 두 눈에 눈물이 고인 채, 멘델레예프의 지도교수인 보스크레센스키(Woskressensky) 교수의 손을 흔들며, 이처럼 위대한 천재를 길러 자신의 제자로 삼은 것을 축하하기까지 했다.

학자로서의 출발

멘델레예프는 대학에 재학 중일 때 각혈을 동반한 폐병을 앓고 있었기 때문에, 졸업과 동시에 남쪽 따뜻한 크림 지역 중학교 교원으로 임용되도록 추천되었다. 이때 부임하기 전에 대학의 보건소장은 멘델레예프에게 편지 한 장을 건네며, 자신의 친구인 의사에게 이를 전해 달라고 당부했다. 그 편지에는 "이 편지를 가지고 가는 멘델레예프는 앞으로 8~9개월 정도 생명을 유지할 수 있을지 알 수 없는 상태이니, 그 기간만이라도 잘 보살펴 주기를 부탁한다"라고 적혀 있었다고 한다.

그러나 멘델레예프는 이 따뜻한 지방에서 머문 지 얼마 되지 않아 곧 건강을 회복했고, 「비용적(比容積)에 대해서」라는 제목으로 224쪽에 달하는 논문을 썼다.

1856년 22세의 나이에 그는 완쾌되어 다시 상트페테르부르크로 돌아와 시험에 합격하고 대학 강사로 임용되었다.

1857년에는 관비생으로 파리, 하이델베르크 등지로 유학을 떠났다. 1860년 그가 아직도 하이델베르크에서 분젠에게 배우고 있을 무렵, 칼스루에(Karlsruhe)에서는 제1회 국제 화학자 대회가 열렸다. 당시

종래의 원자량 측정법이 제각각이었기 때문에, 이를 통일하고자 세계 각국의 학자들이 한자리에 모여 연일 갑론을박을 벌였으나, 뚜렷한 결론에 이르지는 못했다. 그러던 중 이탈리아의 카니차로의 연설과 논문이 배포되면서 논쟁은 마침내 가라앉게 되었다. 그러나 이 회의에 참석했던 멘델레예프는 바로 이때 훗날 주기율표로 이어질 중요한 영감을

			Ti 50	Zr 90	? 100	
			V 51	Nb 94	Ta 182	
			Cr 52	Mo 96	W 186	
			Mn 55	Ph 104.4	Pt 197.4	
			Fe 56	Ru 104.4	Ir 198	
			Ni-Co 59	Pd 106.6	Os 199	
H 1			Cu 63.4	Ag 108	Hg 200	
	Be 9.4	Mg 24	Zn 65.2	Cd 112		
	B 11	Al 27.4	? 68	U 116	Au 197?	
	C 12	Si 28	? 70	Sn 118		
	N 14	P 31	As 75	Sb 122	Bi 210?	
	O 16	S 32	Se 79.4	Te 128?		
	F 19	Cl 35.5	Br 80	I 127		
Li 7	Na 23	K 39	Rb 85.4	Cs 133	Tl 204	
		Ca 40	Sr 87.6	Ba 137	Pb 207	
		? 45	Ce 92			
		Er? 56	La 94			
		Yt? 60	Di 95			
		In 75.6?	Th 118?			

12-1 | 멘델레예프의 최초 주기율표

얻었다고 전해진다.

    1861년 2월 페테스부르크로 돌아와 박사학위를 받고 곧 고등공업학교 화학교수로 임명되고 1866년에는 대학교수가 되었다.

    1867년에는 「원소의 원자량과 그 성질과의 관계」라는 논문을 러시아 화학회에 제출했으며, 1871년에는 1869년 3월에 발표한 최초의 주기율표를 오늘날 우리가 사용하는 형식으로 개정했다.

성격

    멘델레예프는 온건한 자유주의 사상을 지닌 인물로, 학생들을 대할 때 어떤 장벽도 만들지 않았으며 학생들 또한 그를 마치 친구처럼 대했다. 제국 시대의 러시아에서는 상트페테르부르크 대학교에서 경찰과 학생 간의 충돌이 여러 차례 있었는데 그때마다 멘델레예프는 늘 학생들의 변호인 역할을 자처하며 앞장섰다. 그래서 1870년에는 마침내 교수직에서 해직당하고 말았다. 1872년에는 도량형국장으로 취임하여 죽기까지 여기서 활동했다.

    멘델레예프의 가장 특이한 신체적 특징은 머리와 수염을 전혀 자르지 않는 것이었다. 러시아 황제 알렉산드르 2세 폐하가 멘델레예프를 황실로 불러들인 일이 있었다. 그 이유는 멘델레예프가 과연 이발을 하고 수염을 깎은 채 황제 앞에 나타나는지를 확인해 보고자 함이었는데, 과

12-2 | 멘델레예프의 특이한 모습

연 멘델레예프는 그날도 이발을 하지 않고 그대로 황제 앞에 나타났다고 한다. 그는 해마다 봄이 되면 한 번만 머리카락과 수염을 손질하고, 그 후 일 년 동안은 전혀 손대지 않아 바람에 나부끼게 한다는 것이다.

움푹 패인 눈에는 항상 파란 눈동자가 사물을 꿰뚫을 듯 빛났고, 큰 키에 균형 잡힌 골격은 당시 러시아 최고의 위인으로서 자타가 인정하는 모습이었다. 이 위인은 아무리 먼 지방으로 이동할 때라도 꼭 3등 열차 칸을 이용했으며 그 안에서 가난한 농민들과 여러 가지 문제에 대해 허심탄회한 대화를 나누곤 했다.

결혼과 취미

멘델레예프는 1863년 29세 때 레셰바(Leshcheva)와 결혼해 1남 1녀를 두었으나 금실이 좋지 않아 이혼하고, 1877년 젊은 미술가이자 코사크 출신 여성인 포포바(Popova)와 연애를 시작했고, 마침내 1881년 재혼했다.

이로 인해 그는 미술에 큰 영향을 받았으며 재혼 후에는 한동안 대학 안에서 살았으나, 다음엔 도량형국장 관사로 이사하여 몇 명의 자녀를 더 두었다.

그는 반드시 오후 6시면 식사를 했는데 대개는 친구나 친척들을 초대해 간단한 식사를 함께했다. 식사 후에는 모험소설이나 우스운 이야기책을 읽었고, 때로는 셰익스피어, 괴테, 유고, 바이런 등의 작품도 즐겨 읽었다.

1887년 일식이 있었던 날, 고층 대기에서 태양을 관측하기 위해 혼자 기구(氣球)를 타고 하늘로 올라갔다가 도중에 기구가 멀리 날아가 버렸다. 친구와 가족들이 몹시 걱정하던 중, 그가 모스크바에 무사히 착륙했다는 소식을 듣고 마음을 놓았다. 러시아 농민과 부녀자들은 서로 말하기를 "드미트리 이바노비치는 거품을 타고 하늘을 뚫고 날아갔다. 그래서 정부가 그를 불러 화학자로 만들었다"고 했다.

멘델레예프의 선구자들

멘델레예프가 1869년 주기율표를 발표하기 전에도 몇몇 선구자들이 있었다. 멘델레예프보다 40년 앞서, 독일의 되베라이너(Döbereiner, 1780~1849년)가 이른바 '세 쌍 원소'를 발표했다. 염소(Cl)와 브롬(Br, 브로민)과 요오드(I, 아이오딘)는 성질이 비슷한 원소들인데 이들의 원자량을 조사해 보면 다음과 같이 브롬의 원자량이 염소와 요오드의 원자량을 합한 값의 1/2이 된다.

12-3 | 되베라이너

$$Cl(35.5), Br(80), I(127)$$
$$\therefore (35.5 + 127)/2 = 81.25$$

따라서 브롬(Br)은 염소(Cl)와 요오드(I)와의 중간에 위치하게 된다. 되베라이너는 이와 같은 원소를 '세 쌍 원소'라고 했다. 또한 스트론튬(Sr=88)도 칼슘(Ca=40)과 바륨(Ba=137)의 중간에 위치하며 또 하나의 세

쌍 원소를 이루고 있다.

$$(40 + 137)/2 = 88.5$$

되베라이너는 이처럼 원소의 무게를 숫자로 표현함으로써, 우주의 풀기 어려운 비밀을 해결할 열쇠가 될 수 있다고 생각했다. 그러나 이러한 세 쌍 원소 분류법으로는 모든 원소를 체계적으로 분류할 수 없으므로 이 원칙은 결국 사라지고 말았다.

되베라이너보다 30년 후, 영국의 뉴런즈(Newlands, 1837~1898년)는 1864년에 원소들을 원자량이 증가하는 순서대로 배열하고, 각각의 원소에 연속적인 번호를 붙여 새로운 표를 만들었다. 그 결과 8번째마다 성질이 비슷한 원소가 주기적으로 나타나는 것을 발견했다. 이 현상은 마치 음악의 도, 레, 미, 파, 솔, 라, 시와 같은 옥타브와 비슷했기 때문에 뉴런즈는 이를 '옥타브의 법칙'이라고 불렀다. 그러나 이 법칙도 원자량이

뉴런즈의 옥타브설(1864년)

1	2	3	4	5	6	7	8	9	10	11	12	13	14	15
Li	Be	B	C	N	O	F	Na	Mg	Al	Si	P	S	Cl	K
6.9	9	10.8	12	14	16	19	23	24	27	28	31	32	35.5	39

*위의 숫자는 번호, 밑의 숫자는 원소량

18세기 말까지 알려진 원소들

고　대 : C, S, Au, Ag, Cu, Fe, Sn, Pb, Hg	(9)
중세기 : Zn, As, Bi	(3)
17세기 : Sb, P	(2)
18세기 : Co, Pt, Ni, H, N, O, Cl, Mn, Mo, W, Te, U, Zn, Ti, Y, Be, Cr	(17)
19세기 :	(51)
20세기 :	(21)
합	103개

더 큰 원소에는 적용되지 않는 한계가 있어, 널리 주목받지 못했다.

멘델레예프와 거의 같은 시기에 독일의 마이어(Meyer, 1830~1895년)도 멘델레예프와 비슷한 주기율표를 제출했다. 그런데 멘델레예프는 원소의 화학적 성질의 유사성을 중시해 표를 만들었지만, 마이어는 원소의 물리적 성질을 중심으로 표를 만들었다.

멘델레예프는 원자량의 순서대로 배열했을 때 화학적 성질의 유사성이 무너지는 경우에는, 원자량의 순서를 일부러 뒤바꾸기까지 하면서, 화학적 성질이 서로 비슷한 원소를 한 줄에 배열하는 데 중점을 두었다. 오늘날 우리는 마이어의 표보다 멘델레예프의 주기율표를 더 중요하게 여기고 실제로 그 표를 사용하고 있다.

멘델레예프의 주기율표

멘델레예프는 이와 같이 하여 1869년 3월에 첫 주기율표를 발표했으며, 이후 1871년에는 이를 다시 분류, 정돈하여 〈그림 12-4〉와 같은 형태의 새로운 주기율표를 발표했다.

멘델레예프가 주기율표를 만들던 당시(1869년)까지는 총 63종의 원소가 알려져 있었다. 그는 이 63종의 원소를 원자량 순서로 배열해 정리함으로써, 훌륭한 주기율표를 완성할 수 있었다.

예언

멘델레예프는 이렇게 말했다. "나의 주기율표를 생각해 보면, 규소(Si)와 주석(Sn) 사이가 너무 멀고 또 그 성질의 차이가 너무 심하다. 이는 이들 중간에 반드시 어떤 원소가 있어야 하는데, 아직 발견되지 않았기 때문이다." 그는 언젠가 반드시 이 중간에서 새로운 원소가 발견될 것이라고 예언했다. "이 원소를 이를테면 에카실리콘(Es)이라고 부르자. 이 원소의 물리적, 화학적 성질은 규소와 주석의 성질을 바탕으로 예측할 수 있을 것이다. 예를 들어 이 에카실리콘의 원자량은 규소(28)와 주석(118)의 중간값으로 대략 72 정도일 것이며, 그 비중은 약 5.5, 색깔은 회색이고, 녹는점도 높을 것이다"라고 예언했다.

*숫자는 원자량

전형적 원소		I 족	II 족	III 족	IV 족	V 족	VI 족	VII 족	VIII 족
제 1주기		H 1							
제 2주기	1렬	Li 7	Be 9.4	B 11	C 12	N 14	O 16	F 19	
	2렬	Na 23	Mg 24	Al 27.3	Si 28	P 31	S 32	Cl 35.5	
제 3주기	3렬	K 39	Ca 40	—44	Ti 50?	V 51	Cr 52	Mn 55	{Fe 56, Co 59, Ni 59, Cu 63
	4렬	(Cu 63)	Zn 65	—68	—72	As 75	Se 78	Br 80	
제 4주기	5렬	Rb 85	Sr 87	(?Yt 88?)	Zr 90	Nb 94	Mo 96	—100	{Ru 104, Rh 104, Pb 106, Ag 108
	6렬	(Ag 108)	Cd 112	In 113	Sn 118	Sb 122	Te 128?	I 127	
제 5주기	7렬	Cs 133	Ba 137	—137	Ce 138?				
	8렬	—	—	—	—	—	—	—	
	9렬	—	—	—	—	Ta 182	W 184	—	{Os 199?, Ir 199?, Pt 197, Au 198
	10렬	(Au 197)	Hg 200	Tl 204	Pb 207	Bi 208	—	—	
		—	—	—	Th 232	—	Ur 240	—	
산화물의 화학식		R_2O	R_2O_3 또는 RO	R_2O_3	R_2O_4 또는 RO_2	R_2O_5	R_2O_6 또는 RO_3	R_2O_7	R_2O_8 또는 RO_4
수소화합물의 화학식				$(RH_3?)$	RH_4	RH_3	RH_2	RH	

12-4 | 멘델레예프의 주기율표

그런데 이 예언이 약 10년 후 훌륭히 그대로 실현되었다. 독일의 빙클러(Winkler, 1838~1904년)가 발견한 원소는 멘델레예프가 예언한 '에카실리콘'과 모든 성질이 똑같았다. 빙클러는 자신이 발견한 이 새로운 원소에 독일(Germania)의 이름에서 따서 '게르마늄'이라고 불렀다.

이와 같은 예는 '에카실리콘' 뿐만 아니라, 에카붕소, 에카알루미늄 등에도 해당한다. 멘델레예프는 이러한 원소들을 예언하고 자신의 주기율표에 빈칸을 만들어 두었다. 실제로 '에카붕소'는 1879년에 스칸듐(Sc)으로, '에카알루미늄'은 1875년에 가륨(Ga)이라는 이름을 갖게 되었으며, 멘델레예프가 비워 두었던 바로 그 자리에 정확히 들어맞았다.

12-5 | 빙클러

멘델레예프의 화학적 지식

멘델레예프가 원자량 순으로 원소를 배열해 주기율표를 만들었을 때, 몇몇 원소는 아무리 정밀하게 측정해 보아도 원소의 배열순서를 거꾸로 바꾸지 않으면 안 되는 경우가 있었다.

이는 멘델레예프가 화학적 지식을 매우 풍부하게 가지고 있었기 때문에 원자량 순서대로 배열하되, 경우에 따라서는 어쩔 수 없이 그 순서를 뒤집어 역순으로 배치했던 것이다. 예를 들어, 아르곤(Ar)의 원자량은 39.98이구, 칼륨(K)의 원자량은 39.10이므로 원자량 순서대로 배열한다면 칼륨 다음에 아르곤을 배치해야 한다. 그러나 멘델레예프는 화학적 성질이 비슷한 원소들이 한 줄로 배열되도록 하려고 부득이하게 아르곤과 칼륨의 순서를 바꿔 아르곤을 먼저, 칼륨을 그다음에 배열했다. 결과적으로 이는 매우 정확한 선택이었다.

훗날 전자가 발견되고, 원소를 전자의 수(원자번호)로 배열하게 되었을 때, 멘델레예프의 배열 방식이 그것과 정확히 일치함이 밝혀졌다.

멘델레예프의 예언과 실제 원소의 성질 비교

	멘델레예프의 예언(1871년) Es(에카실리콘)	빙클러(Winkler)의 발견(1886년) Ge
원자량	(Si+Sn+Zn+Se)/4= 72	72.56
원자가	4	4
비 중	5.5	5.35
녹는점	높다	952°
빛 깔	회색	회색
산화물	XO_2형	GeO_2
염화물	XCl_4형	$GeCl_4$

원자량의 역순의 예

원소	원자량	원자번호
아르곤(Ar)	39.88	18
칼륨(K)	39.10	19
코발트(Co)	58.97	27
니켈(Ni)	58.68	28
텔륨(Te)	127.6	52
요오드(I)	126.92	53

이 사실을 알게 된 후세 사람들은 다시 한번 멘델레예프의 뛰어난 화학적 통찰력에 놀라움을 금치 못했다.

노년기

멘델레예프는 70세가 되어서도 엄격한 섭생으로 항상 원기를 잃지 않았으며, 정신적으로나 육체적으로도 늘 젊고 늙을 줄을 몰랐다. 다만 그를 몹시 괴롭힌 것은 그 당시 러시아와 일본 간의 전쟁이었다.

러시아 군대의 패배는 애국심이 강했던 그에게 참기 어려운 고통과 고뇌를 안겨 주었다. 1905년, 러시아 함대가 일본 대마도 부근에서 전멸했다는 보도는 러시아 전역에 큰 충격을 주었다. 멘델레예프의 딸 올리가는 그때의 일을 나중에 이렇게 회상했다.

"그날 오후 3시경, 러시아 함대 전멸 소식이 전국에 전해지자, 나는 곧 그 신문의 호외를 들고 아버지 방으로 갔다. 아버지는 보통 때처럼 서류를 정리하고 계셨다. 나는 될 수 있는 한 냉정을 유지하며 이 슬픈 소식을 전했다. 그러자 아버지는 아무 말도 하지 않은 채 소파에 눕더니 가만히 눈을 감고 한숨을 쉬셨다. 그 눈에서는 말로 다 표현할 수 없는 슬픔이 담긴 눈물만이 가만히 흘러내렸다. 그러면서 아버지는 손을 흔들며 '이것으로 모든 것이 끝났다'라고 말씀하셨다. 그리고 소파에서 일어나 허리를 굽힌 채, '이제부터는 아무도 만나고 싶지 않다'라는 한마디만 남기고 무척 괴로운 표정을 지으셨다."

멘델레예프는 진심으로 조국만을 사랑한 인물이었다. 설상가상으로 그를 더욱 괴롭힌 것은 전쟁과 함께 터져 나온 무정부주의자들의 혁명 소란이었다. 뜻밖의 실망과 혼란 속에서 가볍게 걸린 감기가 폐렴으로 악화되었고, 약효도 보지 못한 채 이 위대한 화학자 멘델레예프의 생애는 막을 내리게 되었다. 1907년 1월 20일 오전 5시 20분, 그의 나이가 73세 생일을 일주일 앞둔 날이었다. 위대한 러시아인이며 위대한 학자였던 이 인물의 심장은 끝내 그 고동을 멈추었다. 러시아 전역은 깊은 애도로 뒤덮였고, 당시 황제였던 니콜라이 2세는 직접 조사를 내렸다.

"아아, 멘델레예프여! 위대한 러시아의 백성이여, 이제 영원히 떠나니 슬픔을 금할 길이 없노라."

전 총리 비테 백작은 "슬프다. 러시아 제국은 이제 그의 자랑을 잃었다. 통찰력 있는 석학, 충성스러운 애국자를 잃었다. 그리고 나는 또한 나의 가장 가까운 친구를 잃었다"라고 말했다.

    닷새 후 멘델레예프의 장례는 국비로서 성대히 거행되었다. 그가 한때 직접 강단에 서서 젊은 학도들에게 화학을 가르치던 고등공업학교의 예배당에서 마지막 이별 인사가 이루어졌다. 장엄한 장례식이 끝난 뒤, 엄숙한 행진이 시작되었는데 선두에는 두 학생이 멘델레예프가 만든 '원소의 주기율표'를 들고 섰고, 많은 학생들의 손에 의해 그 유해는 운구되어 수도 남쪽 교외에 있는 볼코프 묘지로 향했다.

    그날 밤 모든 사람이 다 흩어진 후, 조용한 묘지의 작은 언덕 위에 새로운 무덤 하나가 생겼다. 멘델레예프의 묘비에는 반신상(半身像)도 없고, 화려한 찬사도 없이 단지 세 마디의 글귀만이

ДМИТРИЙ ИВАНОВИЧ МЕНДЕЛЕЕВ
드미트리   이바노비치   멘델레예프

새겨져 있었고, 바로 그 옆의 오래된 묘비에는 '마리야 드미트리예브나 멘델레예프'라는 이름이 새겨져 있었다. 오늘도 아무도 없는 적막한 묘지에서 사랑하는 모자가 나란히 누워 지난날의 수많은 괴로움과 슬픔을 되새기고 있을 것이다.

    이로써 멘델레예프는 평생 그리워하던 사랑하는 어머니 곁에서 마침내 평안히 잠들게 된 것이다.

13

윌리엄 램지

William Ramsay
1852~1916년

램지는 1852년 12월 2일 스코틀랜드의 글래스고(Glasgow)에서 태어나 1916년 7월 23일에 세상을 떠났다.

소년 시절

램지의 아버지 집안은 대대로 물감 제조 등 화학공업에 종사해 왔고 어머니 쪽은 의사 집안이었다. 램지는 유전학설을 믿었기 때문에 자신이 아버지와 어머니 양쪽으로부터 화학적 재능을 유전 받았다고 자랑하곤 했다. 그의 아버지는 비교적 늦은 나이인 40세 무렵에 결혼했고, 그때 태어난 외아들이 바로 윌리엄 램지였다.

램지는 4세부터 10세까지 초등학교를 다닌 뒤, 5년 동안 글래스고 아카데미라는 중등학교에서 인문학을 배웠다. 1866년 5월에 보통 아이들보다 2년이나 빠르게 졸업했다. 어릴 적부터 부모의 사랑을 많이 받으며, 때로는 유희와 장난을 즐기면서도 큰 어려움 없이 따뜻한 가정에서 자랐다. 그는 어머니의 뜻에 따라 목사가 되기 위해 인문 계열을 선택했다. 라틴어, 그리스어, 논리학, 수학, 성서 등을 공부했으나, 당시까지는 화학을 배우지 않았다. 그러나 자신의 집에 실험실을 만들어 놓고, 친구와 함께 불꽃놀이와 같은 실험을 즐기기도 했다.

18세 때 독일의 하이델베르크로 유학을 떠나 분젠에게서 화학을 배웠고, 1871년에는 튜빙겐 대학교로 가서 루돌프 피티히(Rudolf Fittig, 1835~1910년)에게 유기화학을 배웠다. 그곳에서 박사학위를 받았다. 당시 그의 나이는 불과 20세였다.

그 후 글래스고로 돌아와 2년간 공업화학의 조교를 일했고, 이어서 강사가 되었다.

생애

램지는 6년 동안 강사로 재직하면서 여러 대학의 교수직에 응모했으나 번번이 낙방해 상당한 실망을 느꼈다. 그러나 마침 브리스틀 대학교(Bristol College)가 신설되면서 그는 화학교수로 임명되었다. 당시 램지의 나이는 28세였다.

1881년 8월에 램지는 고향 출신인 마거릿 양과 결혼하고, 이듬해 브리스틀 대학교 학장으로 선출되었다. 학장이 된 램지가 가장 괴로웠던 일은 학교의 재정문제였다. 그리고 학장으로서 감당해야 할 행정 업무도 매우 많았다. 이러한 잡무와 열악한 시설에도 불구하고 램지는 연구를 계속했으며, 1882년 이후에는 조교인 영(Sydney Young)과 함께 액체 및 고체의 열적 성질, 즉 해리(解離)와 증발에 관해 연구했다. 그 결과 두 사람은 이 분야에서 '램지-영의 법칙'을 발견하게 되었다.

• 영예

1895년 1월, 램지는 레일리 경과 공동으로 아르곤(Ar)을 발견했고, 같은 해 3월에는 다시 헬륨(He)을 발견했다. 이후 1898년 6월 9일에는 제3의 원소인 크립톤(Kr)을 찾아냈고, 같은 달 16일에는 제4의 원소인 네온(Ne)을 처음으로 분리해 냈다. 그 후 곧 제5의 새 원소인 크세논(Xe)을 찾는 데 성공했다.

1902년 마리 퀴리(Marie Curie, 1867~1934년) 부인이 라듐을 발견한 이후, 램지는 라듐 에마네이션의 붕괴 산물 중에 헬륨이 존재한다는 것을 증명해 많은 사람들을 놀라게 했다.

이로 인해 램지는 각국의 학회, 군주, 대통령 등으로부터 수많은 상과 훈장, 존칭, 명예학위 등을 받았으며, 1904년에는 제4회 노벨 화학상을 수상했다.

우연이라고 보기에는 너무도 신기한 일이지만, 화학사에 이름을 남긴 노벨 화학상 수상자들 가운데 네 명이 모두 램지처럼 1852년생이었다. 제1회 수상자인 반트호프(van't Hoff), 제2회의 에밀 피셔(Emil Fischer), 제4회의 램지, 제6회의 앙리 무아상(Henri Moissan)은 모두 1852년에 태어난 인물들이었다.

조국 영국에서는 1912년 램지에게 K.C.B. 훈장(Knight Commander of the Bath)을 수여해 그를 정식으로 나이트의 반열에 올렸다.

• **성격**

램지는 무척 건강한 체력을 지녀 하루에 40마일도 거뜬히 걸어 돌파할 수 있었고, 수영 실력은 전문가조차 감탄할 정도였다고 한다. 또한 음악을 매우 좋아해 피아노 연주 실력도 일류 음악가에 견줄 만큼 뛰어났다. 그가 19세 때 독일로 유학을 떠났을 당시에도, 하숙방에 가장 먼저 피아노를 들여놓았다고 전해진다.

램지는 신체뿐만 아니라 정신도 건강했으며, 사교적이고 인격도 원만했을 뿐 아니라 박애와 자선 정신이 넘쳐났다. 아마도 이러한 성품 덕분에 그는 29세라는 젊은 나이에 글래스고 대학교의 학장까지 오를 수 있었을 것이다. 제1차 세계대전이 발발하자, 램지는 특유의 열정을 바탕으로 애국운동에 참가했으며, 풍부한 지식으로 정부 당국자와 발명 장려국 등을 적극적으로 독려했다.

램지는 어학에도 뛰어난 재능을 가진 인물이었다. 독일어, 프랑스어, 아이슬란드어, 핀란드어 등에 능통했으며 1909년 런던에서 열린 세계 응용화학회에서 회장으로 선출되었다. 당시 명예 회장이었던 영국 황태자 전하의 옆자리에 앉은 램지는 독일어, 프랑스어, 이탈리아어로 유창한 환영사를 하여 만장한 청중의 선망과 절찬을 한 몸에 받았다.

• 교육

램지도 다른 화학자처럼 자신의 연구 활동과 더불어 인재 양성에도 힘을 기울였다. 그의 지도 아래에서 많은 인재들이 배출되었으며, 그중 역사에 이름을 남긴 인물로는 앞서 언급한 시드니 영을 비롯해, 원자핵분열의 법칙을 발견한 프레더릭 소디(Frederick Soddy, 1877~1956년)처럼 1921년 노벨 화학상을 받은 사람도 있었고, 독일에서 온 오토 한(Otto Hahn, 1879~1978년)은 훗날 우라늄의 원자핵 분열 생성물을 발견해 1944년도 노벨 화학상을 수상했다.

비활성 가스의 발견

공기 속에는 매우 소량으로 존재하며 반응성이 거의 없는 가스가 있다. 이러한 가스를 '비활성 가스'라고 부른다. 그런데 비활성 가스들의 이름은 참으로 독특하다.

헬륨(Helium, 1868년, helios=태양), 아르곤(Argon, 1895년, argos=게으른 것), 크립톤(Krypton, 1898년, krypton=감추어진 것), 네온(Neon, 1898년, neon=새로운), 크세논(Xenon, 1898년, xenos=이국인) 등이 그 예다. 이러한 비활성 가스들은 모두 램지에 의해 발견되었다.

또한 이미 30년 전에 태양광선의 스펙트럼 분석을 통해 지구에는 존재하지 않고 태양에만 존재하는 원소로 알려졌던 헬륨이 실제로 공기 중에도 존재한다는 사실을 밝혀낸 것도 아르곤을 발견한 직후였다. 이 극적인 새 원소 발견의 주인공이 바로 램지였다.

13-1 | 레일리

• **문제가 된 질소**

19세기 말, 영국의 존 윌리엄 스트럿 레일리(John William Strutt Rayleigh, 1842~1919년)는 원자량 측정을 위한 기초 자료로 산소, 수소, 질소 등의 밀도를 정밀하게 측정하고 있었다. 그러던 어느 날, 그는 질소의 밀도를 측정하던 중 이상한 사실을 발견하게 되었다. 즉, 공기에서 분리, 정제한 질소의 무게가 질소화합물을 분해해 얻은 질소의 무게보다 아주 적은 차이였지만 약간 더 무겁다는 사실을 알게 된 것이다.

공기에서 질소를 분리하려면 먼저 이산화탄소, 수분 그 밖의 불순물을 제거한 뒤, 적절한 방법으로 산소를 없애야 한다. 적당한 방법으로 없애면 질소가 남게 되는데 레일리는 산소를 제거하기 위해 적열한 구리나 철과 반응시켜 산소를 고체 물질과 화합시키는 방법, 또는 수산화철의 침전에 산소를 흡수시키는 방법을 사용했다. 그러나 어떤 방법을 쓰든지 공기로부터 얻은 질소의 밀도 측정값은 거의 일치했으며, 그 평균값은 $1.2572 g/\ell$였다.

레일리의 질소 실험값

〈공기에서 얻은 질소 무게〉
적열한 구리를 사용(1892) ·················· 2.31026g
적열한 철을 사용(1893) ····················· 2.31003g
수산화철을 사용(1894)······················· 2.31020g
평균치 ········· 2.31016g

〈질소화합물에서 얻은 질소 무게〉
산화질소(II)를 적열한 철로 분해·············· 2.30008g
산화질소(I)를 적열한 철로 분해··············· 2.29904g
아질산암모늄을 가열 분해 ···················· 2.29869g
요소를 하이 포아브롬산나트륨으로 분해········ 2.29850g
평균치 ········· 2.29927g

    레일리는 일정한 크기의 구에 질소를 넣고 실험한 질소의 무게를 다음과 같이 구해, 이것을 질소 1로 환산하여 1.2572g이 되는 것을 보았다. 그러나 질소화합물을 분해시켜 질소를 만들었을 때는 1로 환산하여 그 1의 무게가 1.2505g이었다.

    공기로부터 얻은 질소와의 밀도의 차이는 불과 0.006g(약 0.5퍼센트)에 지나지 않았지만, 레일리는 이것이 확실히 실험의 오차로 보기에는 무언가 분명한 의미가 있다고 판단했다. 그는 이 차이에 중대한 원인이 있을 것이라 생각하고, 공기 속에 오존 같은 다른 물질이 섞여 있는 것은 아닌지, 혹은 화학적으로 합성한 질소는 이원자 분자에서 해리되어 단원자 분자로 변하는 것은 아닌지 등 여러 가능성을 고민하며 수 차례 실험을 반복했다. 그러나 끝내 그 원인을 밝혀내지 못했고, 결국 이 실험값의 차이가 생기는 이유는 설명 불가능한(not soluble) 것이라고 판단했다. 그는 이 의문을 과학 잡지 『자연(Nature)』의 1892년 9월 29일 자에 투고해 전 세계의 과학자들에게 해결에 대한 의견을 구했다.

램지의 등장

바로 이 무렵, 램지는 질소와 수소를 가열한 금속 위로 통과시켜 암모니아를 합성하는 방법을 연구하던 중, 화학반응이 낮은 질소도 고온

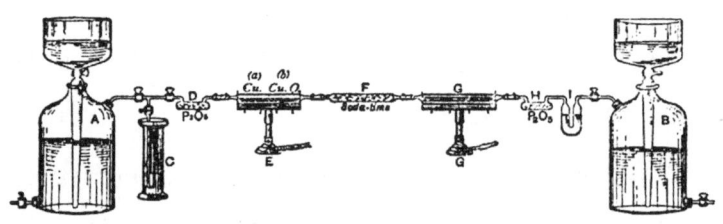

13-2 | 공기에서 아르곤을 분리하는 램지의 장치

의 마그네슘과는 반응해 질화마그네슘(Mg_3N_2)이 생성된다는 사실을 알게 되었다. 이에 그는 레일리에게 양해를 구한 뒤, 이 마그네슘 반응을 이용해 질소 밀도에 대한 이상 현상의 원인을 조사하기 시작했다.

램지는 특히 산소를 철저히 제거한 공기에서 얻은 질소를 고온에서 적열한 마그네슘 위로 서서히 통과시켜 대부분의 질소를 제거해 보았더니, 남아 있는 잔류 기체의 밀도가 확실히 증가하는 현상을 관찰했다. 이에 그는 이것은 질소 일부가 어떤 변화를 겪었기 때문이거나, 아니면 공기 속에 아직 알려지지 않은 새로운 성분이 존재하기 때문이라고 판단했다.

여기서 용기를 얻은 램지는 대량의 공기 중 질소를 대상으로 실험을 진행했다. 먼저 수분을 제거하고, 이어서 이산화탄소를 제거한 뒤, 마지막으로 마그네슘을 이용해 질소까지 제거한 후, 남은 잔류 기체를 조사했다. 그 결과, 이 잔류 기체의 밀도는 처음의 질소보다 더 증가했다.

램지는 이 잔류 기체를 대상으로 저압 방전 실험을 실시하고, 그때 나타나는 스펙트럼을 관찰했다.

그 결과 질소의 스펙트럼 외에 적색과 녹색의 고운 휘선군(輝線群)이 새롭게 나타났고, 이는 기존에 알려진 어떤 원소의 스펙트럼과도 일치하지 않았다. 이에 따라 램지는 이 잔류 기체가 새로운 원소일 가능성이 매우 높다고 판단했다.

아르곤

한편 레일리도 약 100년 전 캐번디시가 수행했던 전기불꽃에 의한 질소 산화 제거 실험을 참고해, 공기 중 질소를 대상으로 여러 차례 반복 실험을 진행했다. 그 결과 역시 비활성 기체가 조금 남는 것을 확인했고, 이 잔류 기체의 스펙트럼을 조사한 결과 램지가 얻은 것과 정확히 일치하는 결과를 얻었다.

이때 레일리와 램지는 서로 협동해 공동 연구를 진행하기로 약속하고, 매일 편지를 주고받으며 각자의 실험결과를 교환했다. 이러한 협력 속에서 두 사람은 공기 속에 새로운 원소가 존재한다는 사실을 확인했으며, 이 원소는 어떤 화합물도 형성하지 않는다는 점도 밝혀냈다.

1894년 8월에 옥스퍼드에서 열린 영국학회에서 레일리와 램지는 공기 속의 새 원소의 존재를 공식적으로 보고했고, 많은 청중을 놀라게 했다. 당시 학회 의장이었던 마던(Madan)의 제안에 따라 이 새 원소는 '게으른(lazy)' 성질을 가진다는 의미에서 아르곤이라고 명명되었다. 이렇게 공기 중 질소의 이상성도 완전히 설명할 수 있게 되었는데 레일리와 램지의 마지막 수단은 역시 분젠이 발견한 분광기를 사용하는 스펙트럼 분석이었다. 결국 이 새로운 원소의 발견은 간접적으로나마 분젠의 업적에 힘입은 셈이었다.

또한 레일리와 램지는 아르곤 기체 중의 음파의 진행속도의 측정으로 간접적으로 이 기체의 정압비열(定壓比熱)의 비를 통해 분자가 몇 개의 원자로 되어 있는지도 알아냈다. 이 결과 아르곤은 다른 물질과 화합하지 않을 뿐만 아니라, 단독으로, 즉 1원자로 존재한다는 사실을 알아냈다. 따라서 이러한 물질을 1원자 분자라고 한다. 따라서 표준 상태에서 22.4의 아르곤 기체의 무게는 아르곤의 분자량이자 곧 원자량이 된다. 아르곤의 원자량은 39.88이다.

0족 원소

아르곤이 발견되면서 주기율표에는 심각한 문제가 생겼다. 즉 원소 세계의 질서를 뒤흔드는 배반자 같은 존재가 바로 이 아르곤이었던 것이다.

30여 년 전, 멘델레예프에 의해 '원소의 주기율표'가 제안되면서 모든 원소가 질서 정연하게 배치된 것을 알게 되었다. 뿐만 아니라 멘델레예프는 아직 발견되지 않은 원소들을 위해 주기율표 중에 빈칸을 남겨두고, 장차 발견될 원소에 대해 '예언'까지 했다. 이는 주기율표에서 가로로 배열되는 원소들끼리는 서로 모두 비슷한 성질을 가지고 있기 때문이었다. 그런데 아르곤이 발견되면서 이 주기율표에 큰 문제가 생겼다. 그 이유는 아르곤과 성질이 비슷한 원소가 하나도 없었기 때문이다.

그러나 램지의 눈물겨운 노력으로 아르곤과 성질이 비슷한 원소들이 잇따라 발견되었고, 이들을 모아 주기율표의 새로운 줄, 즉 0족 원소

H												B	C	N	O	F	He
Li	Be																Ne
Na	Mg											Al	Si	P	S	Cl	Ar
K	Ca	Sc	Ti	V	Cr	Mn	Fe	Co	Ni	Cu	Zn	Ga	Ge	As	Se	Br	Kr
Rb	Sr	Y	Zr	Nb	Mo	Tc	Ru	Rh	Pd	Ag	Cd	In	Sn	Sb	Te	I	Xe
Cs	Ba	57~71	Hf	Ta	W	Re	Os	Ir	Pt	Au	Hg	Tl	Pb	Bi	Po	At	Rn
Fr	Ra	89~															

13-3 | 주기율표에서의 0족 원소의 위치

로 구성된 하나의 족이 추가되었다. 이로써 주기율표의 의의와 체제는 한층 더 확고해졌으며, 멘델레예프조차 예상하지 못했던 0족 원소를 램지가 발견한 것이다.

헬륨

램지는 미국의 힐레브란드(Hillebrand)가 우라늄 광석을 가열해 질소와 비슷한 가스를 얻었다는 이야기를 듣고, 직접 그 광물을 구해 황산과 함께 가열했다. 그는 이 과정에서 발생한 가스를 정제해 질소를 제거한 뒤, 스펙트럼 분석을 실시했다. 이때 그는 확실히 새로운 휘선을 발견했는데, 이는 황색 빛깔 부분에서 나타났으며 나트륨의 황색 스펙트럼과는 약간 차이가 있었다. 램지는 이 새로운 물질을 보며, 어린 시절의 기억과 연결지어 생각하게 되었다.

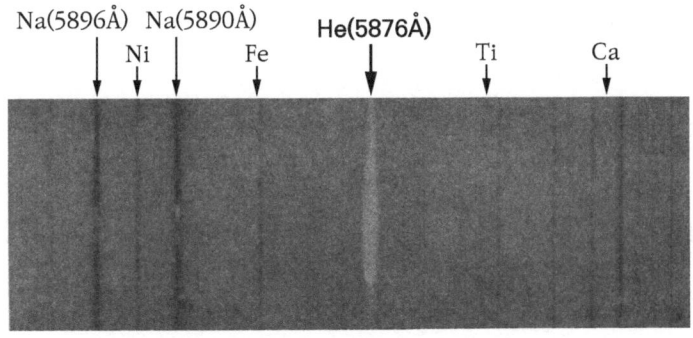

13-4 | 붉은 휘선 스펙트럼에 나타난 He선

램지가 어린 시절에 있었던 일이다. 프랑스의 천문학자인 피에르 장센(Pierre Jules César Janssen, 1824~1907년)이 태양의 붉은 스펙트럼 중에서 황색 스펙트럼을 발견했다. 영국의 조지프 로키어(Joseph Norman Lockyer, 1836~1920년)는 이 스펙트럼을 조사한 결과, 지구상에는 존재하지 않고 오직 태양에만 있는 원소라고 하여 이것을 헬륨(Helios=태양)이라고 불렀다.

램지는 어린 시절 기억 속에 남아 있던 헬륨이라는 이름을 자신이 실험을 통해 얻은 실제 기체와 연관지어 생각하게 되었다. 그는 곧 이 기체의 스펙트럼과 태양 스펙트럼을 비교해 보았다. 그 결과 태양 속의 황색 스펙트럼과 자기가 얻은 기체의 황색 스펙트럼이 완전히 일치함을 발견했다. 태양의 원소 헬륨이 우리 지상에도 존재한다는 사실을 밝혀낸 것이다.

예언과 실현

1898년 여름 캐나다 토론토에서 열린 학회에서 램지는 이미 원자량 4인 헬륨과 39.88의 아르곤이 발견된 이상, 주기율표를 참고하면 원자량이 약 20.82, 82, 130인 세 원소도 발견될 수 있을 것이라고 예언했다.

마침 이 무렵에는 액체공기를 제조하는 장치가 발명되어 있었기 때문에 램지는 연구 방법으로 액체공기를 분별기화시키는 방법을 선택했다.

액체공기로부터는 먼저 질소가 비교적 많이 기화하고, 그다음 아르곤, 산소의 순으로 증발하게 되므로, 마지막에 남은 비활성 기체를 대상으로 스펙트럼을 조사했다. 그 결과, 황색과 녹색 영역에서 새로운 스펙트럼 선이 나타났다. 때는 1898년 5월 30일이었다. 이 잔류 기체는 아르곤보다 무겁고, 두 비열의 비가 1.66이므로 헬륨과 아르곤처럼 단원자 분자인 아르곤족의 한 구성원임이 밝혀졌다. 램지는 이 새로운 원소에 '감추어진 것(hidden)'이라는 뜻에서 크립톤이라 이름 붙였다.

크립톤 발견에서 확신을 얻은 램지와 그의 협력자 트래버스(Travers)는 15의 대량 아르곤을 액화해 약 11m의 액체를 얻어냈다. 이 액체를 분별기화시킨 후, 가장 먼저 증발한 부분을 분광분석으로 조사했더니 적색, 주황색, 황색 영역에 수많은 선이 나타나는 고운 스펙트럼을 확인할 수 있었다. 이 혼합 기체의 밀도는 14.67로서 아르곤보다는 가벼웠다. 이로써 그들은 또 하나의 새 원소를 발견했고, '새롭다(new)'는 뜻에서 네온이라 명명한 뒤, 주기율표에서 헬륨(He)과 아르곤(Ar) 사이에 배치했다.

그 후 그들은 계속해서 30ℓ의 액체공기를 분별기화시켰고, 크립톤 분리 실험의 마지막 단계에서 잔류된 기체 중에 크립톤보다 끓는점이 높고 비중이 큰 기체가 존재함을 알아냈다. 곧 스펙트럼 분석을 통해 이를 확인하고, 이 새로운 원소를 찾아내 이것을 '이방인(the stranger)'이라는 의미를 담아 크세논이라 명명했다.

19세기 초반에 데이비는 전지를 이용해 알칼리금속과 알칼리토금속 원소를 발견했는데, 19세기 말엽 램지가 스펙트럼 분석이라는 새로운 실험 기법으로 0족 원소를 발견한 것은 퍽 대조적인 방식이었다.

라돈의 밀도 연구

램지는 그의 제자인 소디와 함께 방사성 원소 연구에 착수했다. 그 중에서도 특히 라돈(Radon)에 대한 실험 연구에 집중했다. 라돈은 독일의 물리학자 도른(Dorn)이 1900년에 발견한 방사성 기체 원소이다. 램지는 협력자와 함께 1910년에 액체 라돈의 녹는점과 끓는점 등을 측정했다.

이후 그들은 10-6mg 정도의 감도를 가지는 저울을 고안하고 극소량의 라돈을 사용해 그 밀도 측정에 성공했다. 라돈은 0.2g의 라듐에서 고작 0.12m밖에 얻을 수 없는 매우 희귀한 기체였다. 그들은 이 밀도를 바탕으로 계산해 라돈의 원자량이 222임을 결정했다. 1894년부터 시작된 0족 원소의 연구에서 헬륨(He), 네온(Ne), 아르곤(Ar), 크립톤(Kr), 크세논(Xe)까지 다섯 원소를 모두 발견한 데 이어, 마지막 원소인 라돈(Rn)에 대해 이렇게 정확한 실험 결과를 얻은 것은 실로 의미 있는 일이었다.

램지가 남긴 저서들

『대기의 기체』(1896년)

『무기화학 교과서』(1901년)

『물리화학 입문』(1904년)

『논설집』(1908년)

『원소와 전자』(1913년)

『조지프 블랙의 생애와 편지』(1919년)

노년기

램지는 1912년 만 60세가 되던 해에 런던 대학교 교수직에서 퇴임했다. 재직 25년 만의 일이었다. 그는 런던 교외, 외부 방문객이 좀처럼 찾지 않는 한적한 곳에 집을 구입하고, 그곳에 작은 실험실까지 마련했다. 1914년 프랑스로 여행을 떠났을 때, 제1차 세계대전이 발발했다. 램지는 급히 고국으로 돌아와 신문논설과 강연 등을 통해 국민 모두가 전쟁에 협력해야 한다고 역설했다.

1916년 봄에 자신이 연구하던 라듐의 방사선 때문에 병을 얻어 몇 달 동안 병상에서 고생하다가 그해 7월 23일 세상을 떠났다.

공기 중에 포함된 0족 원소를 모조리 발견해 낸 이 나이트(騎士)가 된 과학자는 세상을 떠났지만, 오늘날까지도 공기 속에는 헬륨, 네온, 아르곤, 크립톤, 크세논이 여전히 변함없이 남아 있다.

14

마리 스크워도프스카 퀴리

Marie Sklodowska Curie
1867~1934년

퀴리는 1867년 11월 7일 폴란드의 바르샤바(Warsaw)에서 태어나 1934년 7월 4일 프랑스에서 세상을 떠났다.

소녀 시절

마리의 아버지는 폴란드의 바르샤바 중학교에서 수학과 물리학을 가르치는 교사였으며, 어머니는 여학교의 교장이자 약간의 토지를 소유한 지주였다. 그러므로 마리는 어린 시절부터 전원생활을 하며 자연에 대해 깊은 애착을 가지고 성장했다.

그녀는 5남매 중 막내딸이었다. 그러나 당시 폴란드는 러시아의 지배하에 있었고, 1863년 반란이 실패한 이후 러시아인의 압제는 점점 더 심해졌다. 그 무렵 마리의 어머니는 세상을 떠났고, 아버지 또한 일자리를 잃게 되었다.

마리는 러시아의 식민 지배 아래에서 간신히 고등학교를 졸업할 수 있었다. 언니와 오빠가 파리로 유학 중이었기 때문에 마리도 스스로 노동해 파리로 가는 여비를 저축하는 한편 독서를 통해 독학을 이어갔다. 그리고 마침내 1891년 파리로 건너가 소르본 대학교에 입학했다.

가난한 여학생

가난한 여학생이었던 마리는 4년 동안 말로 다 할 수 없는 고생을 겪었다. 석탄이 없어 추운 방에서 얼마나 떨면서 밤을 새웠는가! 식사는 거의 굶다시피 하며 약간의 음식으로 간신히 생명만 보존해 나갔다. 허기짐을 견디지 못해 실신한 일도 한두 번이 아니었다. 이국 땅에서 아무도 돌봐주는 이 없이, 마리는 한없는 고독 속에서 인생의 뼈저린 공부를 해 나갔다. 그러나 그녀는 정신적으로는 아주 안정되어 있었고, 모든 시간을 오직 공부에만 바쳤다.

결혼

마리는 1893년 소르본 대학교에서 물리학 학사시험에 합격하고 다음 해 수학 시험에도 합격하며 물리학과 수학 두 분야에서 학사학위를 취득했다.

1894년, 그녀는 피에르 퀴리(Pierre Curie, 1859~1906년)를 만났다.

두 사람은 점점 가까워졌고, 피에르의 청혼을 받게 되자 마리는 깊은 고민에 빠졌다. 프랑스인과 결혼한다는 것은 곧 고국을 떠나야 하고, 가족과도 헤어져야 한다는 의미였기 때문에 그녀는 쉽게 결정을 내릴 수 없어 몹시 괴로워했다.

그래서 마리는 모국인 폴란드로 돌아가 가족과 상의한 뒤, 다시 파리로 돌아왔다. 이후 그녀는 이학박사의 학위를 받기 위해 논문

14-1 | 피에르 퀴리

제작에 착수했다. 그렇게 피에르와 다시 만나게 되었고, 마침내 1895년 7월 25일 두 사람은 결혼식을 올렸다.

당시 피에르는 36세였으며, 파리 시립 이화학(理化學)학교의 교수로 임명되어 있었지만, 생활은 그다지 넉넉하지 않았다.

처음에 마리는 러시아의 지배 아래에 있던 고향으로 돌아가 늙은 아버지 곁에서 폴란드의 다음 세대를 위한 교육에 평생을 바치려고 했다. 그러나 피에르와 결혼한 뒤, 그녀는 남편과 함께 공동 연구를 시작하게 되었다. 이들은 단순히 남편과 아내로서가 아니고 과학사에 길이 남을 불멸의 연구를 이루어 내는 계기가 되었다.

만일 마리가 피에르의 청혼을 거절했다면, 폴란드는 한 명의 훌륭한

교사를 얻었을지 모르지만, 과학은 가장 자랑스러워할 수 이름 하나를 잃었을 것이다.

생애

이때부터 마리는 '퀴리 부인'으로 불리게 되었다. 결혼 후 퀴리 부인은 남편과 함께 광물의 방사성에 대한 공동 연구를 계속했으며, 수많은 어려움과 고난을 극복한 끝에 마침내 1898년 라듐을 발견했다. 이때 퀴리 부인의 나이는 겨우 31세였다.

1906년 4월 19일, 남편 피에르 퀴리 교수는 파리의 한 거리에서 자전거를 타고 가던 중 마차에 치이는 사고를 당해 너무나 비참하게 세상을 떠났다. 그 후 퀴리 부인은 남편의 뒤를 이어 소르본 대학의 물리학 교수로 임명되었으며, 소르본 대학교 역사상 최초의 여성 교수가 되었다.

퀴리 부인은 라듐의 발견자로서 위대한 업적을 남겼지만, 그녀 자신의 삶은 매우 청빈했으며, 오로지 연구와 자녀교육에만 온 힘을 쏟았다. 이미 1897년에는 장녀 이렌(Irène)이 태어났고, 1904년에는 차녀 에브(Eve)가 출생했다.

이렌 퀴리[훗날 프레데릭 졸리오(Frederic Joliot)와 결혼해 졸리오 퀴리가 됨]는 아버지 피에르가 세상을 떠난 후에는 어머니 퀴리 부인의

14-2 | 젊은 퀴리 부부

실험실 주임으로 활동했다. 퀴리 부인은 자녀 교육뿐 아니라 제1차 세계대전 중에는 직접 최전선으로 나가 부상병을 돌보는 등 참으로 위대한 애국 여성으로서의 면모도 보여주었다.

성격

퀴리 부인은 말수가 적고 온순하며, 극도로 침착한 성격의 소유자였다. 참고 견디는 인내심은 누구에게도 뒤지지 않았다. 피치블렌드(pitchblend)에서 라듐을 발견했을 때도, 실패한 실험의 비커조차 버리지 않고 하나하나 잘 보관해 두었던 까닭에 시간이 지난 후 그중 버리지 않았던 비커에서 라듐을 발견할 수 있었던 것이다.

자신이 만든 염화라듐의 결정이 흰색의 염(鹽) 형태로 비커 안에서 발견되었을 때 퀴리 부인의 기쁨이 얼마나 컸을지 짐작조차 어려울 것이다. 한때 독일의 화학자 빌헬름 오스트발트(Wilhelm Ostwald)가 퀴리 부부가 라듐을 발견한 실험실을 방문한 일이 있었다. 때마침 퀴리 부부는 여행 중이어서 자리에 없었고, 실험실은 창고와 감자 저장소 사이에

14-3 | 자전거 타는 퀴리 부부

14-4 | 퀴리 부인과 큰딸 이렌 퀴리

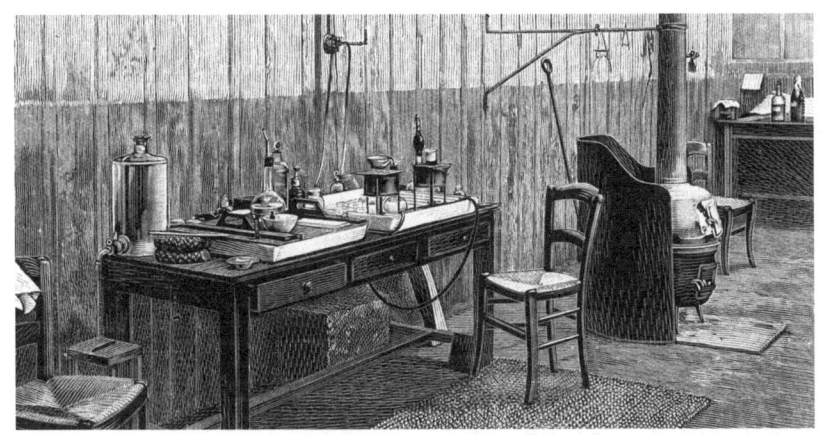

14-5 | 라듐을 발견한 퀴리 부인의 실험실

있는 작은 방으로 그 안에는 화학 실험용 장비 몇 개만 놓여 있을 뿐이었다.

"만일 이 장치가 없었더라면 나는 그것을 그저 나를 놀리는 장난쯤으로 여겼을 것이다"라고 오스트발트는 말했다.

이 말을 통해서도, 퀴리 부인이 얼마나 열악한, 마치 창고 같은 실험실에서 고생했는지를 알 수 있다. 그러나 퀴리 부인은 항상 그런 열악한 실험실에서 일하던 시절을 자신의 생애에서 가장 행복했던 시절이라고 했다. 1903년 피에르 퀴리가 프랑스의 훈장을 받게 되었을 때도 두 사람은 이런 훈장보다 자신들에게 더 필요한 것은 '좀 더 좋은 실험실'이라고 했을 정도였다. 이는 라듐의 발견이 반드시 좋은 실험실이나 시설 덕택은 아니었음을 알 수 있다.

노벨상 가족

1903년 퀴리 부인은 방사능에 관한 연구 공로로 남편 피에르 퀴리와 함께 노벨 물리학상을 수상했다. 이어 1911년에는 라듐과 폴로늄의 발견으로 단독으로 노벨 화학상을 받았다.

예로부터 남성들이 독점해 오던 노벨상을 여성이 처음으로 수상한 것도 의미 있는 일이었지만, 한 사람이 두 번의 노벨상을 받은 것 역시 역사상 처음 있는 일이었다.

그런데 1935년에는 퀴리 부인의 장녀 이렌 졸리오 퀴리가 인공방사능의 발견으로 노벨 화학상을 수상하게 되었다. 이로써 퀴리 가족은 세 차례나 노벨상을 받은, 과거에도 없고 이후에도 좀처럼 찾아보기 어려운 노벨상 가족으로 불리게 되었다.

14-6 | 노벨상 메달

음극선

1879년 크룩스(Sir William Crookes, 1832~1919년)는 저압 기체를 넣은 방전관에 고압전류를 흘려, 이른바 진공방전을 실험했다. 그 과정에서 그는 음극으로부터 일종의 미지의 선이 방출되는 현상을 보았다. 그 무렵 히토르프(Johann Wilhelm Hittorf, 1824~1914년)는 방전관 안에 작은 물체를 넣었을 때 양극 쪽 유리벽에 그 물체의 그림자가 생기는 현상을 발견했으며, 크룩스도 이러한 결과를 인정했다.

14-8 | 크룩스

본 대학교의 물리학 및 수학 교수였던 플뤼커(Plücker, 1801~1868년)는 방전관 근처에 자석을 가까이 가져다 대었을 때, 형광 경로가 변화하는 현상을 관찰했다.

이 변화는 방전관을 (+), (-)의 전극판으로 감쌌을 때도 마찬가지로 나타났다. 형광의 흐름이 양극 쪽으로 구부러지는 것을 보고, 그는 이 흐름은 음전기를 띠고 있는 입자의 운동이라고 판단했다. 이 현상을 더 깊이 연구한 독일의 골드슈타인(Goldstein, 1850~1930년)은 이 음전기의

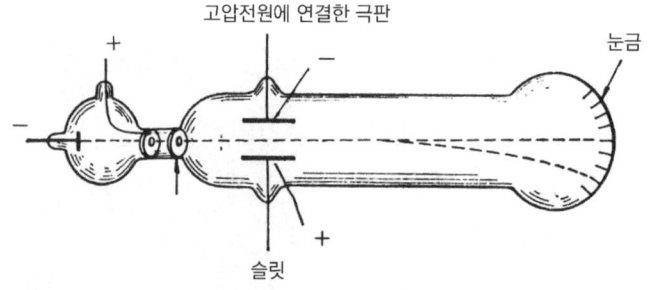

14-8 | 톰슨의 실험. 음극에서 나온 음극선이 좁은 틈을 통과한 뒤, 극판 사이를 지나면서 그 경로가 구부러진다.

14-9 | 톰슨

흐름을 음극선(cathoderay)이라고 명명했다.

그 후 이 음극선의 정체를 여러 가지로 연구해 본 결과, 이것이 (-)의 전기를 띠고 있는 입자의 흐름이라는 사실이 1897년 영국의 톰슨(Thomson, 1856~1940년)에 의해 밝혀졌다. 톰슨은 자신의 실험을 통해 음극선이 크게 휘어지는 현상을 관찰하고, 그 입자의 무게를 계산한 결과 수소 원자보다 훨씬 가볍다고 생각했다. 이 생각은 미국의 물리학자 밀리컨(Millikan, 1868~1953년)의 실험에서 확인되었으며, 그 입자의 질량은 수소 원자의 1/1837밖에 불과한 것으로 밝혀졌다. 이 입자가 전자(electron)이며 그 무게는 9.1×10^{-28}g정도이다.

X선

14-10 | 뢴트겐

1895년 독일의 뢴트겐(Röntgen, 1845~1923)은 이 크룩스관을 이용한 실험 중, 음극선을 금속에 충돌시키면 지금까지 알려지지 않았던 새로운 종류의 선이 방출된다는 사실을 발견했다. 이 선은 매우 강한 투과력을 지니고 있어, 햇빛이 통하지 못하는 불투명한 물체도 통과하는 성질이 있었다. 또한 사진 건판을 감광시키며, 이 선이 지나갈 때 주변의 기체 분자를 이온화시키고, 황화아연(ZnS)과 같은 형광물질에서 형광을 발생시키는 현상도 나타났다. 그러나 이 선의 본질이 무엇인지를 알지 못했으므로 이것을 'X선' 또는 그의 업적을 기념하기 위해 '뢴트겐선'이라고도 불리게 되었다.

베크렐의 실험

음극에서 발사된 음극선이 진공방전관의 유리벽에 부딪쳐 X선이 발생할 때, 유리벽에서는 동시에 형광도 나타났다. 이에 따라 이 X선과 형광이 어떤 관계가 있을 것이라고 생각하고 실험해 본 사람이 있었다.

프랑스 파리의 공과대학교 교수였던 베크렐(Antoine Henri Becquerel, 1852~1908년)은 이미 연구한 형광물질인 우라늄 화합물을 두 장의 두꺼운 검은 종이로 싸서 사진건판 위에 놓아두었다. 그는 형광과 동시에 X선이 발생해 사진건판을 감광시킬 수 있을 것이라 생각

14-11 | 베크렐

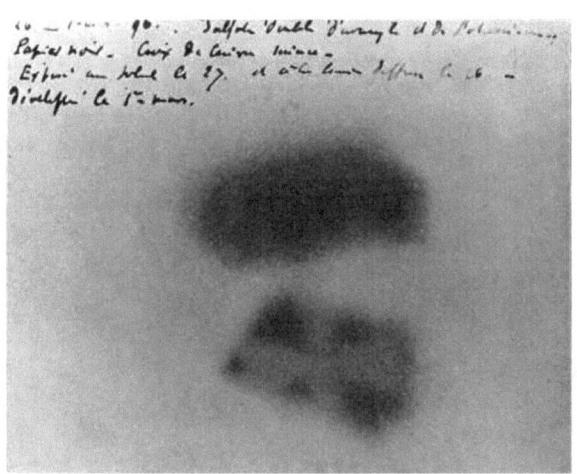

14-12 | 베크렐이 얻은 우라늄 방사선 사진

했다. 그렇게 하여 며칠 뒤 사진건판을 현상해 본 결과, 실제로 검은 반점을 얻을 수 있었다. 여기서 베크렐은 문제의 형광성 물질이 불투명한 종이를 투과하고 건판을 감광시킬 수 있는 방사선을 발산하는 것이라고 결론짓고 1896년 2월 24일 이 사실을 발표했다.

2월 26일에도 실험을 계속하려 했으나, 그날은 구름이 낀 날이었으므로 실험을 하지 못하고 건판을 그대로 서랍 속에 넣어 두었다. 3월 1일, 베크렐은 우라늄을 올려두었던 건판을 시험 삼아 현상해 보았다. 그랬더니 놀랍게도 햇볕에 노출된 것처럼 검은 반점이 생겨 있었다. 베크렐은 다시 실험을 반복한 끝에, 우라늄 화합물에서 방출되는 방사선은 햇빛이나 형광과는 관계없이 방출되며, 어두운 암실에서도 사진건판을 감광시킨다는 사실을 확인했다. 또한 우라늄을 포함하고 있는 것은 고체이든 액체이든 관계없이 같은 방사선을 방출하며, 이 방사선이 우라늄 원소로부터 방출된다는 것을 밝혀냈다. 베크렐은 이와 같은 방사선을 '베크렐선'이라 명명했다.

방사능

뢴트겐의 X선 발견, 베크렐의 우라늄 방사선 발견 등에 자극을 받은 퀴리 부인은 이 분야의 연구를 시작했다. 그녀는 우라늄에서 방출되는 방사선, 즉 베크렐이 베크렐선이라 부른 이런 선을 방출하는 현상을 '방사능(radioactivity)'이라고 명명했다. 우라늄이 방출하는 방사선을 연구한 결과, α(알파)선, β(베타)선, γ(감마)선의 세 종류가 있다는 것이 밝혀졌는데, 이 가운데 β선이 전자의 흐름이라는 것을 확인한 사람은 퀴리 부인이었고, α선이 헬륨 원자핵의 흐름이며 γ선이 전자자기

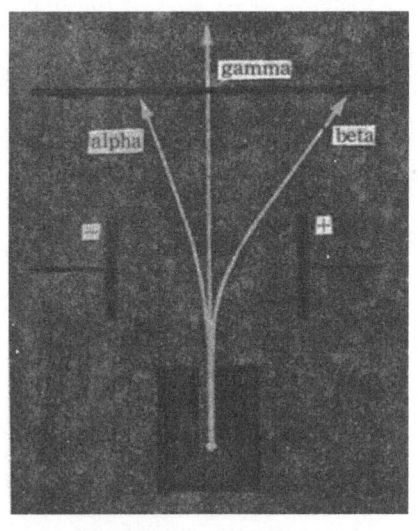

14-13 | α, β, γ선의 성질

파라는 사실을 알아낸 사람은 영국의 러더퍼드였다.

퀴리 부인은 우라늄 화합물의 방사능의 강도는 우라늄 원소의 함량에 정비례한다는 사실도 발견했다.

폴로늄

퀴리 부인은 처음에는 방사능을 내는 물질은 모두 우라늄이나 토륨을 포함한 화합물이라고 생각했다. 그러나 몇몇 광물은 그 함량보다 더 강한 방사능을 지닌다는 사실을 알게 되었다. 예를 들어 피치블렌드라는 산화우라늄 광석은 우라늄보다 약 네 배나 강한 방사능을 띠고 있었는데, 퀴리 부인은 그 이유가 이러한 광물 속에 방사능을 지닌 새로운 원소가 포함되어 있기 때문일 것이라고 생각했다.

그러나 가난한 퀴리 부부는 피치블렌드를 구입할 돈이 없어서 한숨만 쉬고 있었다. 이 소식을 전해 들은 오스트리아 정부는 그들에게 1톤 분량의 피치블렌드 광석을 무상으로 보내주었다.

기쁨과 희망에 찬 퀴리 부인은 "피치블렌드를 원소 분석해 보면, 만약 미지의 성분이 전체의 약 1퍼센트 정도 된다면 이 새로운 원소는 이 1퍼센트 속에 들어 있을 것이다"라고 생각했다. 그녀는 이 광석을 분석하면서 각 단계마다 방사성 물질을 전기계로 추적해 나갔고, 마지막 1퍼센트 속에서 처음으로 새로운 원소를 발견했다. 퀴리 부인은 이 새로운 원소를 자신의 조국 폴란드를 기념하기 위해 '폴로늄'이라고 명명했다. 1898년 7월 8일의 일이었다.

라듐

퀴리 부인은 이때 우라늄보다 60배나 더 강한 기체의 이온화 작용을 지닌 침전물을 얻었다. 그녀는 이 침전을 물에 녹는 용해도의 차이를 이용해 몇 부분으로 나누고, 각 부분을 분광기로 조사해 보았다. 그 결과 놀랍게도 새로운 스펙트럼선이 나타났다.

퀴리 부인은 여기에 또 하나의 새 원소가 있으리라 생각하고 더욱 정확한 분리 실험을 통해 스펙트럼을 조사한 결과 그 원소의 뚜렷한 스펙트럼을 확인했다. 1878년 12월 26일, 퀴리 부인은 또 하나의 원소인 '라듐'을 발견했다.

노년기

원래 퀴리 부인은 신체가 허약했으나, 30여 년 동안 오로지 정신력으로 버텨왔다. 그러나 갑작스럽게 건강이 악화되면서 그녀는 폐결핵이라는 진단을 받았고, 파리를 떠나 스위스 국경지방에 있는 폐결핵 요양원에 입원했으나 끝내 병세가 호전되지 않아 그곳에서 숨을 거두었다.

임종 직후의 검사 결과, 그녀의 병은 폐결핵이 아니라 오랜 시간 동안 방사능에 노출되어 백혈구 수가 감소하는 악성 빈혈임이 밝혀졌다. 1934년 7월 4일 아침, 퀴리 부인은 아무런 고통도 없이 마지막 숨을 거두었다. 장녀 이렌과 차녀 에브, 사위 졸리오가 지켜보는 가운데서 세상을 떠났다.

그토록 정신력이 강했던 퀴리 부인은 자신이 발견한 방사성 원소로 인해 세상에서 목숨을 잃은 희생자가 되었다. 그리고 그녀의 장녀와 사위도 방사능 때문에 어머니 퀴리 부인처럼 희생을 당했다. 그녀가 세상을 떠난 이틀 뒤인 7월 6일, 가족과 공동 연구자, 생전의 친구들에게 둘러싸여 쏘(Sceaux) 묘지에서 간소한 의식이 끝나자 사랑하는 남편 피에르가 잠들어 있는 옆에 매장되었다.

퀴리 부인의 오빠와 여동생은 먼 폴란드에서 가져온 조국의 흙과 프랑스의 흙을 섞어 관 주위에 뿌렸다. 이는 우리가 잃어버린 이 위대한 한 여성이 생전에 그토록 사랑하던 두 나라를 죽어서도 잊지 않고 기념할 수 있도록 하기 위함이었다.

노벨상 가족이라고 불리는 이 퀴리 가문의 주인공은 이렇게 세상을 떠났지만, 과학계는 퀴리 부부의 업적을 영원히 기리기 위해 방사능 측정 단위에 '퀴리'라는 이름을 붙였다. 1g의 라듐은 1초에 약 370억 개의 방사성 입자를 방출하는데, 오늘날 이 수에 해당하는 입자를 방출하여 붕괴하는 물질의 양을 1퀴리라고 부른다.

1퀴리는 막대한 양이므로 그 100만 분의 1에 해당하는 양을 사용하며, 이를 '마이크로 퀴리'라고 부른다.
　때로는 1초에 100만 개의 입자를 방출하는 방사성 물질의 양을 표시할 때 1라더퍼드라는 단위를 사용하기도 한다.

15

엔리코 페르미

Enrico Fermi

1901~1954년

페르미는 1901년 9월 29일 이탈리아 로마에서 태어나 1954년 11월 28일 미국 시카고에서 세상을 떠났다.

생애

1922년 무솔리니(Benito Mussolini, 1883~1945년)가 정권을 장악하기 몇 달 전, 페르미는 이탈리아 피사 대학교에서 박사학위를 받고 독일로 유학을 떠났다.

그곳에서 독일계 영국 물리학자인 보른(Max Born, 1882~1970년)의 지도를 받아 양자역학을 공부했다. 1924년 이탈리아로 돌아온 그는, 1926년에 로마 대학교의 물리학 교수가 되었다. 이후 미국으로 망명하여 원자핵 분열의 연구에 일생을 바쳤다.

핵반응

1914년 영국의 러더퍼드(Ernest Rutherford, 1871~1937년)는 고속의 α입자를 원자핵에 충돌시키면 인공적으로 원자핵 변환이 일어날 수 있을 거라고 생각했다. 그리하여 1919년 공기가 들어 있는 상자에 α입자를 충돌시켜 본 결과, 비행거리가 긴 입자가 생성되는 현상을 관찰할 수 있었다. 산소나 탄산가스를 이용해 동일한 실험을 해 보았을 때는 이러한 현상이 나

15-1 | 러더퍼드

타나지 않았다. 그러나 질소가스로 실험을 했을 때는 공기를 사용할 때보다 훨씬 더 비행거리가 긴 입자가 생성되었다. 러더퍼드는 이것이 질소 원자핵이 α입자(He)에 의해 붕괴되어 양성자(Proton)가 생성된 결과라고 해석했다.

이러한 과정을 '원자핵 반응'이라고 하며, 러더퍼드는 인류 역사상 처음으로 원자핵 반응으로 새로운 원소를 만드는 데 성공해 현대판 연금술 학자가 되었다.

$$N + He \rightarrow O + H$$
(질소원자핵)　(α입자)　(새로 생긴 산소 원자핵)　양성자

　1932년 영국의 콕크로프트(Sir John Douglas Cockcroft, 1897~1967년)와 월튼(Ernest Thomas Sinton Walton, 1903~1995년)은 양성자를 강한 자기장을 통해서 가속시킨 뒤, 이를 리튬(Li)의 원자핵에 충돌시켜 인공 원자핵 변환에 성공했다.

인공 방사성 동위원소

　1933년 퀴리 부인의 장녀인 이렌 퀴리는 남편 졸리오 퀴리와 공동으로 인공 방사성 원소를 만드는 데 성공했다. 그들은 알루미늄에 α선을 충돌시켜 방사능을 지닌 원소를 만들어 내는 데 성공한 것이다. 알루미늄에 α선을 쏘면 인이 생성되는데, 이 인은 자연 상태에서 존재하는 인과는 전혀 성질이 달라, 지속적으로 방사선을 방출하며 분해되어 결국 규소(Si)로 변했다. 그들은 처음으로 인공 방사능에 관한 실험을 수행한 셈이었다. 그들이 얻은 이 인은 천연의 인과는 달리 방사능을 지니고 있었기 때문에 이를 '방사성 동위원소'라 불렀다.
　1910년 소디(Frederick Soddy)는 방사성 원소들 중 이 화학적 성질은 동일하지만 질량이 서로 다른 경우가 있음을 발견하고, 이들을 주기율표의 1구획 속에 몰아넣고 동위원소(isotope, 그리스어로 같은 장소)라고

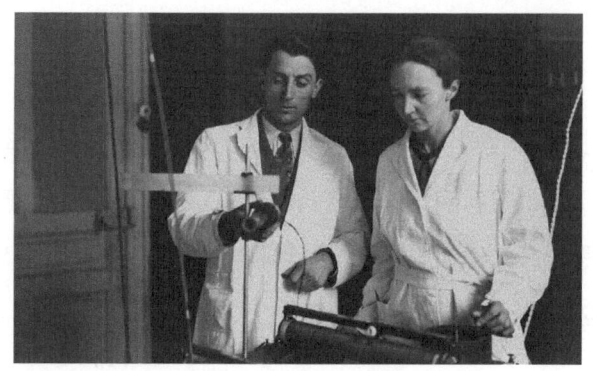

15-2 | 이렌 퀴리 부부

불렀는데, 이 동위원소가 방사능을 가질 때 이것을 방사성 동위원소라고 한다.

그러나 이렌 퀴리의 실험에서 성공한 경우는 극히 일부 가벼운 원소에 한정되었으며, 알루미늄보다 무거운 원소에 대해서는 모두 실패했다.

중성자

1930~1932년 사이에 보테(Walther Bothe, 1891~1957년)와 이렌 퀴리 부부는 베릴륨(Be)에 α입자를 충돌시켰을 때, 아주 투과력이 큰 방사선이 생기는 것을 발견했다. 이 방사선의 입자는 파라핀을 통과할 때, 에너지의 대부분을 수소 원자에 전달해 수소 원자가 양성자를 방출하는 현상이 나타났다.

이 양성자는 쉽게 검출되었지만, 그 원인과 성질은 명확히 밝혀지지 않았다. 1932년 영국의 채드윅(James Chadwick, 1891~1963년)은 이 방사선의 입자가 양성자와 동일한 질량을 가지면서도 전하를 띠지 않는다는 사실을 밝혀냈다. 전하가 없으므로 이 입자를 중성자(neutron)라고 명명했다.

15-3 | 채드윅

중성자는 다양한 형태의 새로운 핵반응을 일으킬 수 있다는 점에서 매우 중요한 입자다. 전하를 가지고 있지 않으므로 α입자나 양성자와는 달리 (+)로 대전된 원자핵 내부까지 침투할 수 있다.

가이거-뮐러 계수관

방사성 동위원소에서 방출되는 β선이나 α선은 가이거-뮐러 계수관으로 찾아낼 수 있다. 1913년에 가이거(Geiger)는 가이거 계수관을 만들었는데, 1928년 독일의 뮐러(Müller)가 이를 개량해 예민한 α입자의 계수관을 만들었다.

이것은 관 속에 들어 있는 저압의 알코올 기체가 전리되어 이온을

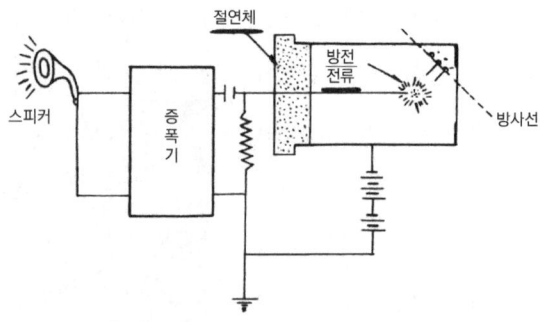

15-4 | 가이거-뮐러 계수관의 원리

만들고, 음(-)이온은 중앙의 양(+)극을 향해 이동한다. 이때 그 통로에 있는 기체 분자들도 다시 이온화되어 순식간에 많은 전류가 흐르게 된다. 이 전류는 증폭회로에 연결되어 소리로 감지하거나 자동으로 기록할 수 있도록 설계되어 있다. 이로써 방사성 동위원소를 쉽게 검출할 수 있게 된 것이다.

페르미의 실험

1934년 페르미는 이렌 퀴리 부부의 실험을 참고하면서 알루미늄보다 무거운 원소에서는 핵반응이 잘 일어나지 않고 원소 변환이 어려운 이유에 대해 생각하게 되었다. 그는 α입자가 양(+)의 전하를 띠고 있다는 점에 주목했다. 알루미늄보다 무거운 원소들은 그 원자핵 주위에 양 (+) 전하를 많이 가지고 있기 때문에, 이것을 뚫고 α입자가 원자핵까지 도달하기 어렵다고 생각했다. 이에 페르미는 전기를 가지고 있지 않은 중성자를 이용해 원자핵에 충돌시키는 실험을 시도했다.

그는 알루미늄보다 무거운 원소에 중성자(파라핀으로 싼 시험관에 베릴륨의 분말을 넣고 병원 창고에 둔 라듐에서 나오는 라돈 가스를 넣어 두면 라돈에서 나오는 α입자가 베릴륨 원자핵에 충돌하면 이 반응을 통해 중성자가 방출된다)를 충돌시킬 때 모든 원소가 전부 방사능을 가지게 된다는 사실을 발견했다.

자연에 존재하는 원소 중 가장 무거운 원소는 92번 원소인 우라늄(U)이다. 페르미는 1934년 이 우라늄에 중성자를 충돌시켜 실험한 결과, 예상대로 핵반응이 일어나 방사능을 지닌 물질을 얻는 데 성공했다. 그는 방사성 물질이 기존에 없던 93번 또는 94번 원소라고 생각했지만, 그 정확한 정체는 아직 알 수 없었다.

페르미의 망명

한편 페르미에게는 수난의 시대가 계속되었다. 그의 사상은 당시 이탈리아의 수상 무솔리니가 이끄는 파시즘 체제에 반대되었고, 그는 파시스트당에 항거하는 입장이었다. 더욱 어려운 상황은 그의 아내가 유대인이었다는 점이었다. 당시 독일은 히틀러가 정권을 잡고 있었고, 이탈리아와는 동맹 관계에 있었다. 히틀러의 반유대 정책은 이탈리아에도 영향을 미쳤고, 결국 이탈리아 국회에서는 반유대법이 통과되기에 이르렀다.

때마침, 1938년 12월에 페르미는 노벨상을 수상하게 되어 가족과 함께 스웨덴 스톡홀름으로 향하게 되었다. 그는 이곳에서 노벨상을 받은 직후, 곧바로 가족 함께 미국으로 망명했고, 이후 미국 시민으로 귀화했다.

우라늄 핵분열의 조각

1939년 독일의 오토 한(Otto Hahn, 1879~1968년), 슈트라스만(Strassman), 마이트너(Lise Meitner)는 공동 연구를 통해 우라늄에 중성자를 충돌시켰을 때 생성되는 물질이 무엇인지에 대해 연구한 결과 우라늄의 약 반쯤 되는 무게를 가진 바륨과 크립톤과 몇 개의 중성자로 변하는 것을 알았다.

$$U + n \rightarrow Kr + Ba + 몇 개의 n$$
(우라늄) (중성자) (크립톤) (바륨)

바로 이 무렵 독일에서는 유대인에 대한 배척운동이 점점 격화되었다. 유대인이었던 마이트너는 자신의 실험 분석 보고서를 모두 지닌

15-5 | 한과 마이트너

채 독일을 탈출해, 덴마크의 저명한 원자 구조 학자인 닐스 보어(Niels Bohr, 1885~1962년)에게 망명했다. 그녀는 그에게 모든 실험 내용을 상세히 전했다.

원자 물리학회

때마침 1939년 1월 26일 미국 워싱턴에서는 원자 물리학회가 열리고 있었다. 이때 덴마크에서 출석한 닐스 보어는 히틀러에게 추방당한 물리학자 아인슈타인(Albert Einstein, 1879~1955년)과 이탈리아를 탈출한 페르미와 중성자 연구의 권위자인 태닝(Tanning) 등과 만나 우라늄 분자의 분열에 대해 열띤 토론을 벌였다.

루스벨트 대통령께 진언

우라늄 원자핵이 분열되어 그 질량이 작은 바륨이나 크립톤 원자핵으로 쪼개질 때 동시에 질량결손(質量缺損)이 일어나는 현상이 확인되었다. 아인슈타인의 이론에 따르면 질량은 에너지로 변환될 수 있으므로 이 위대한 물리학자들은 우라늄 원자핵이 분열할 때 동시에 아주 많은 에너지가 방출될 수 있음을 쉽게 계산할 수 있었다. 이것이 바로 무서운 원자력인데 곧 원자폭탄의 이론적 기반이 되었다.

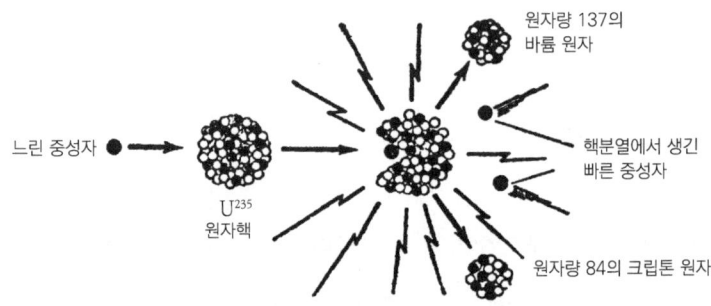

15-6 | 우라늄 원자핵의 분열설명도

"독일의 히틀러가 과학자에게 명령해 원자핵 폭탄을 먼저 만들게 하면 큰일이다. 독일에는 그만한 능력이 있다. 만일 이렇게 되면 세계는 암흑시대로 변하게 될 것이다. 우리는 정부에 건의해 원자력 연구에 종사할 필요가 있다고 생각한다"는 결론을 세기의 위대한 학자들이 공동으로 작성해 당시 대통령이었던 루스벨트에게 전달했다. 그 결과 1939년 가을에 이를 추진하기 위한 위원회가 구성되었고, 페르미는 그 기초적 연구에 착수하게 되었다.

연쇄반응

우라늄 원자는 그 무게가 약간 다른 두 종류가 있다. 이것이 동위 원소이며, 앞서 설명한 바 있다. 무게가 238인 것은 무거운 쪽(U^{238})이고, 235인 것은 가벼운 쪽(U^{235})이다. 중성자로 인해서 분열이 일어나는 것은 가벼운 쪽인 U^{235}뿐이다. 이 U^{235}가 핵분열을 일으키면 바륨 원자와 크립톤 원자가 생기면서 몇 개의 중성자가 방출된다. 이 새로운 중성자가 주변의 또 다른 우라늄 핵을 충돌시키면 그 우라늄 핵이 분열되고 다시 중성자가 몇 개 방출된다.

이와 같은 과정이 반복되면서 처음 단 하나의 중성자로부터 시작된 핵분열이 마치 쥐가 새끼를 낳듯이 끝없이 이어지게 되는데, 이 현상을 연쇄반응이라고 한다.

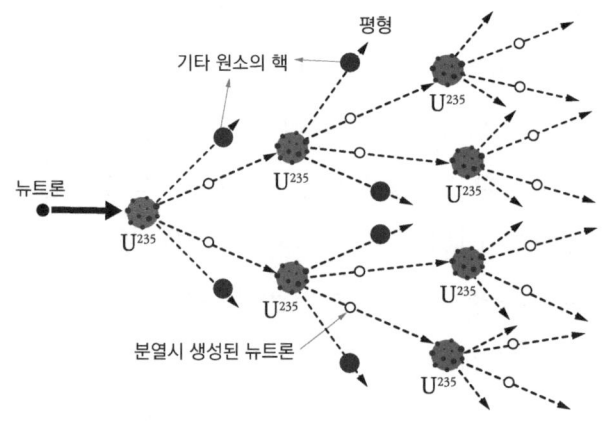

15-7 | 우라늄 핵분열의 연쇄반응

예를 들어 여기에 1kg의 순수한 U^{235}가 순간적으로 이와 같은 연쇄반응을 일으키면, 3,000톤의 석탄을 한꺼번에 태운 것과 마찬가지의 열이 나오게 된다.

더 쉽게 비교하면 U^{235}의 1kg은 성냥갑 3개에 찰 정도의 양인데 석탄 3,000톤은 기차의 석탄화차로 약 100량 분량에 해당하며, 이를 야구장 내야를 연결하는 선 위에 차곡차곡 쌓아 놓을 수 있을 정도의 어마어마한 양이다. 게다가 이 양은 1톤짜리 T.N.T. 폭탄을 한꺼번에 2만 개를 터뜨린 것과 같다고 한다.

페르미의 영감

그러나 유감스럽게도 자연에서 산출되는 우라늄에는 가벼운 쪽의 우라늄은 약 0.7퍼센트밖에 안 되며, 그 대부분은 무거운 쪽이다. 이 무거운 쪽의 우라늄은 중성자를 전부 흡수해 연쇄반응을 방해한다.

1940년 페르미는 다음과 같은 독창적인 영감을 떠올렸다. "원자가 분열할 때 방출되는 중성자는 광속도와 같이 빠른 속도를 가지므로 이것을 충분히 늦춰 줄 수 있다면 무거운 쪽의 우라늄에 흡수되지 않고, 다른 우라늄 원자를 분열시켜 연쇄반응을 일으킬 수 있을 것이다(이것을 열중성자라고 한다). 이 중성자의 속도를 느리게 하려면 흑연 같은 감속재를 사용할 수 있다. 그러므로 큰 흑연 속에 몇 군데다 천연 우라늄을 넣어 두면, 무거운 쪽의 우라늄에 별로 흡수되지 않고 연쇄반응이 일어날 것이다"라고 생각했다.

15-8 | 중성자의 속도를 느리게 할 수 있는 물질들

제2의 불

이리하여 1942년 12월 2일, 페르미는 시카고 대학교 교정에서 자신의 예상대로 흑연과 우라늄을 규칙적으로 쌓아올린 우라늄 원자로(pile)를 세우고, 인류 역사상 처음으로 연쇄반응을 시켜 본 결과 열이 발생되는 것을 발견했다. 실로 지구상에 제2의 불이 타오른 날이었다.

당시 워싱턴에 있던 원자폭탄 계획의 부책임자 코넌트(Conant)는 시카고로부터의 전보를 초조하게 기다리고 있었다. 드디어 "이탈리아의 항공사가 신세계에 착륙했다. 이 세계는 예상보다 약간 적은 것을 발견했다"는 전보가 도착했다. 이 암호문에서 '이탈리아인'은 페르미를 의미하며, '예상보다 적은 것을 발견했다'는 말은 예상보다 적은 양의 우라늄으로도 원자의 불이 일어났음을 의미하는 것이었다. 이에 코넌트

15-9 | 시카고 대학교 교정에 만든 세계 최초의 원자로

는 "원주민은 친절하더냐"는 전보를 보냈는데, 이는 실험이 순조롭게 진행되었는지, 특별한 어려움은 없었는지를 묻는 암호였다. 페르미는 다시 "yes"라고 답했다. 이날 1942년 12월 2일을 제2의 불의 발견일, 즉 원자력이 시작된 날로서 시카고대학에 기념비가 서게 되었다.

원자탄

이리하여 미국에서는 본격적으로 원자력 연구가 시작되었다. 1940년에는 컬럼비아 대학교의 태닝 교수는 소량의 가벼운 우라늄을 분리하는 데 성공했고, 1943년에는 테네시 계곡에 이 가벼운 우라늄을 대량으로 생산하기 위한 공장이 건설되었다. 이곳에서 생산된 물질로 실제 폭탄을 제조하는 작업은 매우 중대한 일이었다. 이 연구는 프린스턴 고급 연구소장 오펜하이머(J. Robert Openheimer) 박사를 중심으로 미국 뉴멕시코주 로스앨러모스(Ros Alamos)의 고원 지대에서 비밀리에 진행되었다.

이 폭탄의 원료는 가벼운 쪽의 우라늄인데 이 물질은 매우 다루기 어렵지만 다행히 일반 화약과는 달라서 어떤 일정량 이상의 양이 모이지 않으면 어떤 충격을 가해도 폭발하지 않는다. 이 일정량을 임계질량(critical mass)이라고 하며, U^{235}의 임계질량은 대략 15~20kg이라고 알려져 있다. 이 임계질량을 초과하면 그 순간에 대폭발이 일어난다. 원자폭탄의 구조는 임계질량 이하의 2개의 U^{235}의 덩어리를 서로 분리시켜 놓고, 바깥에는 폭약을 설치한 뒤 탬퍼라 불리는 베릴륨의 껍질로 싼다. 이후 일반 화약으로 두 덩어리를 빠르게 충돌시켜 임계질량 이상이 되도록 하면 곧바로 연쇄반응이 일어나 엄청난 폭발이 발생한다.

이와 같은 분비를 거쳐 1945년 7월까지 제1회 원자폭탄 실험이 마

15-10 | 원자탄 폭발 때 생기는 버섯구름

침내 완료되었다. 1945년 7월 16일 오전 5시 30분, 인류는 세상에서 처음으로 대규모 섬광과 함께 오색이 찬란한 버섯구름이 하늘 높이 치솟는 광경을 목격했고, 이로써 원자 시대의 막이 올랐다. 이 폭탄 실험은 뉴멕시코 사막에서 진행되었으며, 세계 최초의 핵무기 실험이 성공적으로 끝난 순간이었다.

이 계획의 최고 책임자였던 글로브스(Globus)소장, 오펜하이머 박사, 페르미 박사 등 군과 과학을 대표하는 인물들은 불안과 기대 속에서 이 실험 결과를 지켜보았다. 눈앞이 캄캄해질 정도의 강렬한 섬광과 함께 맹렬한 폭풍이 일어나면서 오색의 찬란한 버섯구름이 약 4만 피트 상공까지 올라가자 천지를 흔드는 환성이 울려 퍼졌다. 이렇게 하여 원자탄이 처음으로 만들어졌다.

원자탄의 투하

그로부터 20일이 지난 1945년 8월 6일 U^{235}의 첫 폭탄이 일본 히로시마에 투하되었다. 이어 3일 후인 8월 9일에는 무거운 쪽의 U^{238}로부터 생성된 플루토늄(Pu)을 원료로 한 두 번째 원자폭탄이 일본 나가사키에 떨어지게 되었다.

초기 원자폭탄의 파괴력은 상상 이상이었다. 원폭에서는 한 발로써 반지름 1.5km의 원내 지역은 글자 그대로 파괴되며, 반지름 4km에 달

15-11 | 일본 히로시마에 떨어진 원자폭탄

하는 원내가 순간적으로 피해를 입었다. 반지름 3km 이내의 지역에서는 폭풍의 압력 때문에 지면이 곳곳에서 약 30cm가량 가라앉았고, 수도관과 가스관이 끊어지며 심한 화재가 발생했다.

폭발 당시 강렬한 섬광으로 인한 화상과 화염에 의한 피해도 극심했다. 원자 핵폭탄에 의한 사망자의 4분의 3은 이러한 열효과 때문이라 한다. 또한 폭탄이 폭발할 때는 여러 가지 방사성 물질이 생성되어 대기를 오염시키고 우리 인체에 흡수되면 건강을 해치고 죽음에까지 이르게 하는 일명 '죽음의 재'로 인한 피해가 막심했다. 이로 인해 발생하는 병으로는 백혈병, 골수염 등 심각한 병이 있으며, 핵폭발 후 2~3주가 지난 시점부터, 때로는 10년 이상이 지나 발병해 결국 목숨을 잃는 경우도 있었다.

노년기

　이렇게 인류를 위협하는 무서운 원자폭탄을 만든 페르미는 1945년 원자핵 연구소의 교수가 되었으나 자신도 방사선으로 인한 질병에 걸려 1954년 11월 28일 그가 제2의 불을 발견했던 시카고에서 암으로 생을 마감했다.
　그러나 1955년 인공적으로 만든 원자번호 100번의 새 원소에 그의 업적을 기리기 위해 '페르뮴(Fermium, Fm)'이라는 이름이 붙여졌다.
　페르미는 일본에 원자폭탄을 투하하는 것에는 찬성했지만, 이후 수소폭탄의 제조에는 반대했다. 그러나 소련의 쿠루차토프(Igor Kurchatov, 1903~1960년)의 지도 아래 소련도 원자폭탄 개발에 성공했다. 오늘날 전 세계는 이처럼 핵전쟁의 공포에서 완전히 벗어나지 못한 채 괴로움을 안고 살아가고 있다.

원소명과 발명자

S - 스웨덴, D - 그리이스, G - 독일

원자번호	원소기호	국어명	기원	발견자와 연대	라틴명	영어명
1	H	수소	hydrs (G. 물) + genao (G. 생긴다)	1766년 Cavendish	Hydrogenium	Hydrogen
2	He	헬륨	helios (G. 태양)	1895년 Ramsay	Helium	Helium
3	Li	리튬	lithos (G. 돌)	1817년 Arfvedson	Lithium	Lithium
4	Be	베릴륨	beryllos (G. 녹주석) glukus (G. 단맛의)	1797년 Vanguelin	Beryllium	Beryllium
5	B	붕소	borax (붕사) borak (Per. 흰색)	1808년 Gay-Lussac Thenard	Borum	Boron
6	C	탄소	carbo (L. 목탄)	태고	Carboneum	Carbon
7	N	질소	nitrum (L. 초석) + genao (G. 생긴다)	1772년 D.Rutherford	Nitrogenium	Nitrogen
8	O	산소	oxus (G. 신맛의) + genao (G. 생긴다)	1774년 Priestley	Oxygenium	Oxygen
9	F	플루오르	fluere (L. 흐른다)	1886년 Moissan	Fluorum	Fluorine
10	Ne	네온	neos (G. 새로운)	1898년 Ramsay, Travers	Neon	Neon
11	Na	나트륨	nitron (G. 초석) sodanum (L. 두통약)	1807년 Davy	Natrium	Sodium
12	Mg	마그네슘	Magnesia (고대도시 이름)	1808년 Davy	Magnesium	Magnesium
13	Al	알루미늄	alumen (L. 백반)	1825년 Oersted	Aluminium	Aluminium Aluminum(미국)
14	Si	규소	silex (L. 규석)	1824년 Berzelius	Silicium	Silicon
15	P	인	phos (G. 빛) + phoros (G. 운반자)	1669년 Brand	Phosphorus	Phosphorus
16	S	황	sulfur (L. 황) theion (G. 황)	태고	Sulfur	Sulphur Sulfur (미국)
17	Cl	염소	chloros (G. 황록색)	1774년 Scheele	Chlorum	Chlorine
18	Ar	아르곤	an ergon (G. 움직이지 않는)	1894년 Ramsay 등	Argon	Argon
19	K	칼륨	kaljan (Ar. 재) pot + ash	1807년 Davy	Kalium	Potassium

원자번호	원소기호	국어명	기원	발견자와 연대	라틴명	영어명
61	Pm	프로메튬	Prometheus (그리이스신의 이름)	1945년 Marinsky Glendenin	Promethium	Prometium
62	Sm	사마륨	semarski, samarskite (광물명)	1880년 Boisbaudran	Samarium	Samarium
63	Eu	유로퓸	Europe (지명)	1901년 Demarcay	Europium	Europium
64	Gd	가돌리늄	Gadolin (인명)	1880년 Marignac	Gadolinium	Gadolinium
65	Tb	테르븀	Ytterby (S. 마을이름)	1843년 Mosander	Terbium	Terbium
66	Dy	디스프로슘	disprositos (G. 가까이 하기 어려운)	1886년 Boisbaudran	Dysprosium	Dysprosium
67	Ho	홀뮴	Stockholm (지명)	1879년 Cleve	Holmium	Holmium
68	Er	에르븀	Ytterby (S. 마을이름)	1843년 Mosander	Erbium	Erbium
69	Tm	툴륨	Thule (북국의 지명)	1879년 Cleve	Thulium	Thulium
70	Yb	이테르븀	Ytterby (S. 마을이름)	1879년 Nilson	Ytterbium	Ytterbium
71	Lu	루테튬	Lutetia (파리 옛이름)	1907년 Urbain	Lutetium	Lutetium
72	Hf	하프늄	Hafnia (L. 코펜하겐항)	1923년 Coster, Hevesy	Hafnium	Hafnium
73	Ta	탄탈	Tantalus (그리이스신)	1802년 Ekeberg	Tantalum	Tantalum
74	W	텅스텐	wolframite (광석명), tungsten (S. 중석)	1783년 de Elhuyar 형제	Wolframium	Wolfram
75	Re	레늄	Rhein (지명)	1925년 Noddack 등	Rhenium	Rhenium
76	Os	오스뮴	osme (G. 냄새)	1804년 Tennant	Osmium	Osmium
77	Ir	이리듐	Iris (무지개의 여신)	1804년 Tennant	Iridium	Iridium
78	Pt	백금	platina (은의 축소명)	1748년 de Ulloa	Platinum	Platinum
79	Au	금	or (Heb. 빛), geolu (OE. 황색)	태고	Aurum	Gold
80	Hg	수은	hydr (G. 물) + argyros. (G. 은) Mercurius (상인의 수호신)	태고	Hydrargyrum	Mercury
81	Tl	탈륨	thallus (G. 작은 가지)	1861년 Crookes	Thallium	Thallium

원자번호	원소기호	국어명	기 원	발견자와 연대	라 틴 명	영 어 명
82	Pb	납	Plumbun, nigrum (L, 납) lead(OE. 녹기 쉽다) blau (D. 청백의)	태고(太古)	Plumbum	Lead
83	Bi	비스무트	wiss majaht(Ar. 벤 포산처럼 쉽게 녹는)	1753년 Geoffroy	Bismuthum	Bismuth
84	Po	폴로늄	Poland (국명)	1898년 M. Curie	Polonium	Polonium
85	At	아스타틴	astaos(G. 불안정한)	1940년 Corson 등	Astatium	Astatine
86	Rn	라돈	Radiumemanation (라듐 분출물)	1900년 Dorn	Radon	Radon
87	Fr	프랑슘	France (국명)	1939년 Perey	Francium	Francium
88	Ra	라듐	radius(L. 방사선)	1898년 Marie Pierre	Radium	Radium
89	Ac	악티늄	aktinos(G. 방사능)	1899년 Debierne	Actinium	Actinium
90	Th	토륨	Thor(스칸디나비아 뢰신:雷神)	1829년 Berzelius	Thorium	Thorium
91	Pa	프로트악티늄	Pro(G. 앞)+Ac	1917년 Hahn, Meitner	Protoactinium	Protoactinium
92	U	우라늄	Uranus (천왕성)	1789년 Klaproth	Uranium	Uranium
93	Np	넵투늄	Neptune (해왕성)	1940년 McMillan 등	Neptunium	Neptunium
94	Pu	플루토늄	Pluto (명왕성)	1940년 Seaborg, Kenedy 등	Plutonium	Plutonium
95	Am	아메리슘	America (지명)	1944년 Seaborg, James 등	Americium	Americium
96	Cm	퀴륨	Curie 부처	1944년 Seaborg 등	Curium	Curium
97	Bk	버클륨	Berkerey (지명)	1949년 Thompson 등	Berkelium	Berkelium
98	Cf	칼리포르늄	California (지명)	1949년 Thompson 등	Californium	Californium
99	Es	아인시타이늄	Einstein (인명)	1954년 Seaborg 등	Einsteinium	Einsteinium Athenium
100	Fm	페르뮴	Fermi (인명)	1954년 Seaborg 등	Fermium	Fermium
101	Md	멘델레븀	Mendeleev (인명)	1955년 Seaborg 등	Mendelyeevium	Mendelevium
102	No	노벨륨	Nobel (인명)	1957년 Field 등	Nobelium	Nobelium
103	Lr	로렌슘	Lawrence (인명)	1961년 Ghiorso 등	Lawrencium	Lawrencium